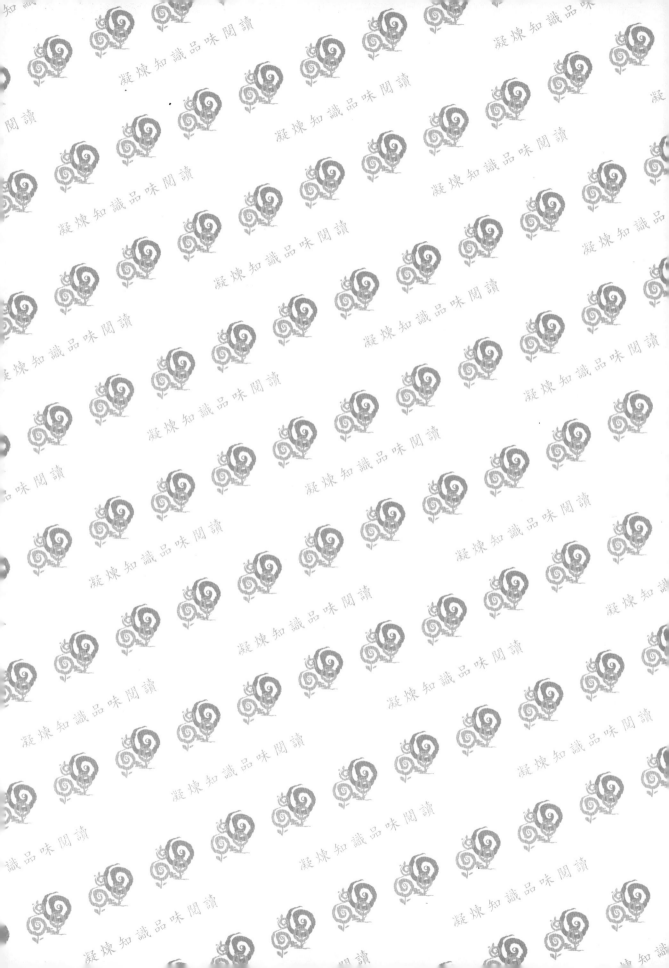

{高餐大的店}

創業與夢想

高餐大的店

NKUHT

五南圖書出版公司 印行

校長序

國立高雄餐旅大學自西元一九九五年創校以來，已邁入第廿個年頭，作爲國內首間餐旅專業大學，前賢俊秀的努力耕耘，功不可沒。秉持精誠勤樸的校風，致力成爲「培育餐旅菁英的搖籃、企業的關鍵夥伴及餐旅教育的新典範」。是以，本校以培育餐旅產業創業人才爲依歸，除了基礎的專業實務外，亦透過產學合作爲基礎，使其「創意、創新、創業」三創教育，積極強化學生的創新研發與整合運用能力，能順利接軌就業職場，開創新的餐旅事業。

「創業」對許多人來說，不但是一個追求個人夢想與創造財富的方式，更是一個自我實現、發揮個人潛能的人生舞臺，縱使一路充滿風險與挑戰，仍能勇於投入，也因此激發出無限的創意與想像力。阿里巴巴集團創辦始人馬雲曾說：「創業要以萬變應萬變，唯一不變的是使命跟價值觀。」高餐大的校友們都有著想要讓餐飲界更蓬勃發展的使命，並且爲所有的消費者健康把關食品安全的價值觀。這不僅是高餐精神的延伸，亦爲對餐飲業永續經營的具體實踐。

感逢創校廿週年，許多校友們已在產業界發光發熱，本書實際走訪二十四家校友餐廳，詳實紀錄餐旅尖兵們帶著滿腔熱血與膽識，爲實踐「高餐大的店」品牌之路奠下良好基礎。此外，校友們抱持著眞心服務、細心料理、用心經營的態度，親力親爲發揮所學實現自己夢想，已然爲後進闢路，足堪爲學弟妹典範。本書除完整呈現校友創業的篳路藍縷，說盡每道佳肴美味背後的各種滋味，更期能將這些甘苦談做爲創業經驗的傳承，激勵各方懷抱創業夢想的夥伴，一同爲精進餐旅教育與產業發展努力。

容繼業

國立高雄餐旅大學校長

CONTENTS

01

臺北

貓下去計劃

食魂的昇華・24種夢想的發酵方式

手作　浸釀　上菜

路只是生活的另一種想像

一開始來到陸寬的貓下去，我們立即被鮮明的視覺傳達吸引。除了店內穩重簡約的裝潢外，對於眼前陳列的各種設計，無論文字或插圖，我們或能循著其中的風格，初步認識陸寬。就在一個閒適寂靜的午後，陸寬的開場白便吐出：「我是在年紀比較大的時候，才選擇去念餐專，那時的動機很單純，就是眞的想要念書了。」早在進入高餐以前，陸寬已就讀過高雄工專電子科。工專時期，他幾乎將大把的時間全栽在樂團與創作上，念書對當時的他而言，只不過是延續創作的一種方式。不過當時，他也已經開始透過工作來延續自己的生活，打工的地點多半以飯店或獨立型的餐廳爲主。他表示：「當時最好的打工地點就是飯店，後來考上高餐，我算是同學中少數已經具有實務經驗的人，進到學校後，我並沒有什麼磨合期，反倒讓我在學業與生活之中找到平衡點。」高餐對陸寬而言，是一段重新摸索的過程。他開始有計畫地培養令他感興趣的能力，例如：從國外的資訊中大量吸取新的知識，並且從中累積自己的品味。在高餐的課程上，他

餐　　廳：貓下去計劃（臺北市徐州路38號）

校　　友：陳陸寬（91學年度二專餐飲管理科／94學年度二技餐飲管理系）

餐廳不變的是，裡頭總有一群需要食物療癒的人們

也幾乎會將自己的創作投注其中，例如：在一場宴會或者餐飲活動應用這些概念。他對此表示：「當時如果我要辦一場宴會，我會事先查詢正在流行的資訊，因爲當時網路並不發達，我就跑到圖書館找了很多中外文雜誌，那時高餐的圖書館，應該是臺灣館藏餐飲資訊最多的地方，甚至也可能比當時的誠品還要齊全，因爲學校有設置一大塊區域全是外文的期刊。」因爲眾多活動的啓發與刺激，進而讓陸寬開始積極朝餐廳的另一種形式追尋。透過了解餐廳的設計跟創意風格，讓他比別人更具備這些認知。漸漸的，設計這對他而言，雖然仍處在一種蒙昧的狀態，但透過他不斷勤做功課的耕耘，同時也認識臺灣許多知名設計師，更加確信設計是一個相當重要的概念。

二專時期的陸寬在這兩年的時光裡，他幾乎將自己關在圖書館，他將過去沒有時間讀的書，或者深感興趣的書，在這段時期一併看完，其中關於廣告的書籍，是他涉獵最廣的領域。他表示：「因爲大一強迫住宿的緣故，我常待在學校各個角落看書。當時學校的教學方針是安排很多實作的課程，因爲我都能應付得不錯，所以在課後之餘，我有大量的時間可用來看書。後來也因爲讀了這麼多書，而讓我對一些事物產

內心的瘀青，用美食當作藥引

生極高的興趣，像是雪茄、葡萄酒、烈酒這些奢侈品，我確實做了很多功課。」在擁有追求新事物的高度關注下，陸寬能夠比同期的同學更了解一些不一樣的知識。這些累積也都變成他創業之後的基礎，同時也給了他認知與選擇上的支撐。實習結束，二專畢業的陸寬，又回到飯店工作，那時，他感受到臺灣經濟再次崩解的情況。早在九七年，陸寬曾有過飯店工作的經驗，當時他感受到飯店的氛圍是景氣正好的狀況，後來進入高餐再度去實習時，他感受的狀態卻是蕭條。除了人力吃緊之外，甚至也必須開始販售起餐券才能勉強維持飯店的營收，後來遇上ＳＡＲＳ，就幾乎讓臺灣的飯店業一蹶不振。

陸寬回到高餐攻讀二技這段時期，他開始將所有的同學丟進關於餐廳設計的知識探索中，從紐約談到倫敦再回到巴黎，他做了許多平面輸出的作品。他表示：「二技開始，上課時我會坐最前面，挑戰老師的上課模式，我的出發點只是希望老師能多教些不同的知識。或許我會有這樣的性格，是來自當時讀工專所養成的，也就是『沒有什麼叫最好』。因此我會在製作ＰＰＴ時，導入各種雜誌的風格進去。甚至在二技有論文作業時，我也是強迫自己將政大廣電所的研

▍療程因人而異，只求藥到病除

究模式，放進我的論文。雖然那次的質化研究過程，參與的同學都不知道我在幹嘛，其實我也不知道自己當時在幹嘛，只是覺得每一個過程都值得去摸索與突破。後來因爲那門論文的訓練，也讓我的能力再往上晉級。」正當陸寬選擇以同樣的方式進行不同的摸索時，他卻發生過一段令人匪夷所思的比賽經驗。當時高餐舉辦一場海報設計的競賽，陸寬便以大圖輸出的方式呈現，在將作品送出後，居然被以「非學生程度的等級」之由遭到退件。後來陸寬在延畢的半年內，開始培養自己的寫作能力，從中更大量地接觸雜誌。對他而言，在二技影響較深的事，大概就以廣告與創意的概念收穫最豐。他認爲：「念二技的那兩年，我延續之前那些創作的動機，幾乎都在搞創作跟設計的東西，最後我又將這些概念導入在我之後所身處的餐飲業中，所以我應該算是少數餐飲學校畢業後，同時具備設計與文案能力的人。」

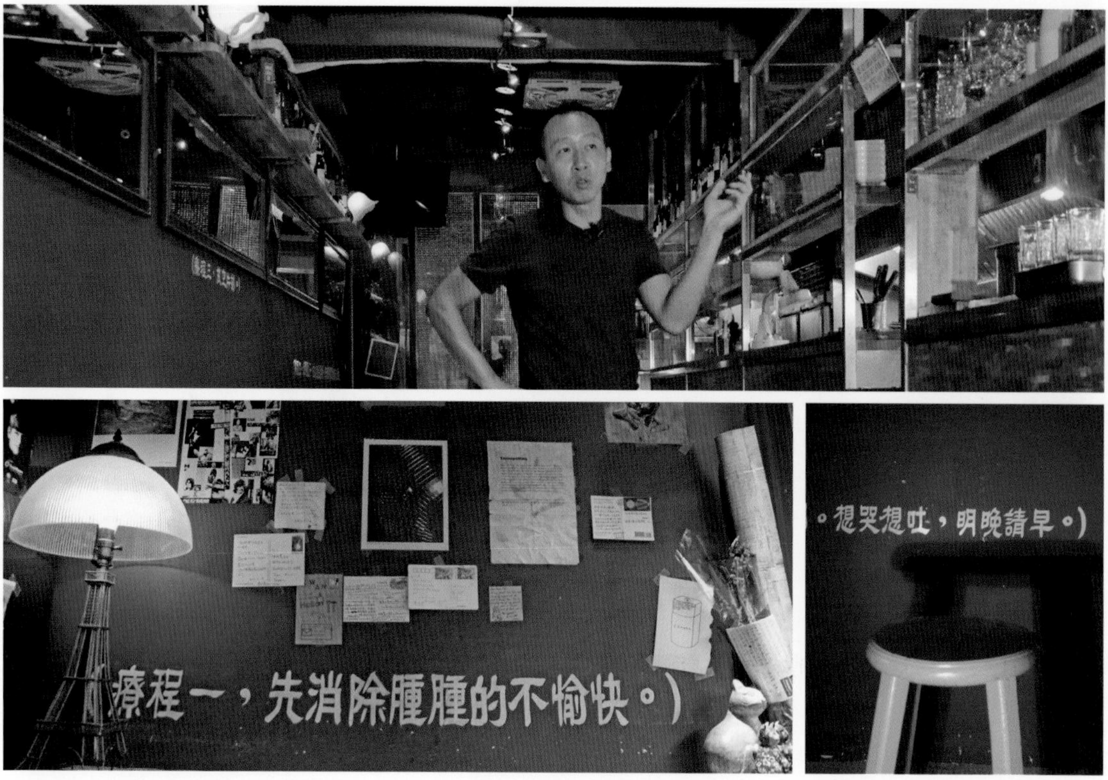
療程一，先消除腫腫的不愉快。)
。想哭想吐，明晚請早。)

美食大夫的料理人生

轉型就是最務實的生活

二技畢業也退伍的陸寬，認爲自己在文字的發想上，所呈現的東西過於薄弱，於是他選擇將自己重新投入餐飲工作上。他告訴我們：「畢業後，我對於從事廣告媒體、編輯雜誌、公關的工作抱持極高度的想像。當我在面對這件事情時，我產生的興趣甚至高過於我回到飯店或餐廳上班的情況。在當時，我應該是第一代部落格的使用者，從玩樂團開始，我已經將部落格當成自己找工作與練文章的地方，當時我所寫的方向，應該是現在所謂美食部落客的那些文章；再加上我是第一代進入平價義大利麵店工作的人，對於餐飲的工作我也從事許多年了，從中也對不同形式及規模的餐廳有過一定接觸。直到在書寫的過程中，我發現我對食物的掌握程度仍是一知半解，於是在二○○四年底到二○○五年初，我開始走入廚房。」從文字走到廚房，這其中的轉變，也開始讓陸寬對食物的體會變得具體，同時所寫出的文字也更接近心底的想法。透過這樣的訓練，他決定前往雜誌社面試，並且表示：「二○○六年以後，我開始爲雜誌社寫文章，那段期間對我而言，其實是很痛苦的過渡期，後來我

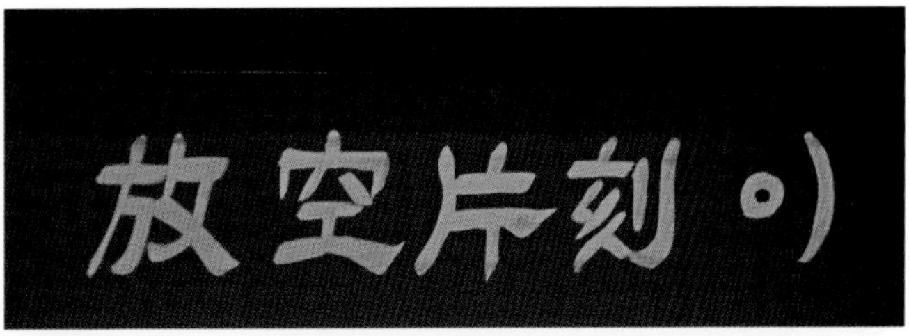

寧靜的美食診療室

決定搬到臺北，才漸漸脫離不順遂的狀況。」在從事雜誌社工作之餘，陸寬並未中斷餐飲的事業。有一天在師大某間餐廳內，他巧遇其他雜誌社的人到餐廳拍攝食物，那時他看著那些人的專業表現，心中便有了一種看見偶像的感覺，後來他結束餐飲工作，全職在雜誌社上班。

二〇〇七年十月開始，陸寬正式在雜誌社從事編輯工作。他說：「我算是早期進到臺灣雜誌業正繁盛時期的人，因此我也參與過雜誌社從興盛轉變到衰落的歷程。當時的雜誌社，興盛的程度確實是很驚人的，但隨著接收資訊方式愈來愈多元之後，雜誌的銷量就開始往下掉。那時我在工作上，也開始明顯感受到一種不踏實的感覺，連接觸的內容也讓我漸漸失去興趣，甚至到後來會發現自己只是爲了寫而寫，於是我辭職了。」看著雜誌業的潮起潮落，到後來陸寬也不知道自己上班到底在做什麼。在這種感覺非常糟糕的狀態下，他選擇離開雜誌社，後來他展開了好幾段漂泊式的工作生活。直到某個因緣際會下，他看到現在貓下去的發源地。他那時心想：「這十年來，如果還有什麼事情，是到現在還沒做過的，那應該就只剩下開店這件事。」於是陸寬集結了幾位同樣餐專的同

潛藏在臺北道路旁的小酒館

學，決定在徐州路展開他們的創業計畫。他補充說：「我們那時候開業的心態，跟一般人有很大的不同，原因在於我們已經不知道要做什麼。我大可能選擇回到飯店或者到大陸發展，但就是因爲自己已經累積太多東西，沒辦法在其他地方盡情地釋放，因爲別人沒辦法接受。因此我才想跟幾個同學一起做，剛好看到這個地方，也才眞的有了開店的認知。」透過陸寬的這番話，也清楚說明他與其他創業者的出發動機不一樣。一開始選擇在臺北創業的陸寬，雖然他們都將自己定位成nobody，但正因爲他們身上累積的東西與多數人不同，因此在自稱「怪咖」的同時，他們就大膽地成立貓下去。陸寬表示：「我們這些人，基本上在餐飲業中只擔任過基礎的職位，對於開店，也只是想印證我們可以去做做看，我希望我們做的事情，是臺北或者臺灣沒有的東西。」

貓下去正式成立後，在這七年中，曾有許多階段性的轉變。每一個轉變，都藏有陸寬不同的新思維，在必須時時更新的狀態下，他認爲：「一開店後，其實以小店的渲染力來說，它在當時確實是滿大的。在創店第一個月花了一百萬裝潢成立後，第二個月就開始爆滿，我們有著許多別人沒有的里程碑，像是我們應該算是全臺第一間只在晚上營業的店，同時擁有許多身分顯達的常客。透過每一次的轉型，我都在思考該如何解決問題，該如何丟掉包袱，才能做到眞正的創新。像是選擇只在晚上營業的這個決定，也是因爲經營上出現問題，後來決定只做四個小時。在大多數人不會跟生意過意不去時，我們卻有不同的認知，因爲我們想要把『小酒館』這三個字定義得更精確。臺灣有很多創業者在定位上經常搞得不清不楚，但這是正常的，因爲他們覺得：『消費者想什麼才是最重要的，你只要有一個空間滿足他們就好。』這是基於生意的本質面來說，卻不是創業的定位，這兩者許多人到現在還是沒辦法視作個體。」在陸寬的言論中，我們看見他一直試圖以另一種作法來區別大多數人正在定義的餐飲環境。雖然開業到了第七年，在傳統認定已穩定的情況下，他卻認爲自己一直仍在跟生意、現金、人力結構崩壞的情況搏鬥著。即便如此，他也補充道：「開業到現在第七年了，基本上，在臺灣的小店裡，我是第一個完成初步資本化的結構模式。我想讓所有的帳目清楚，結合一個正常公司的結構，同時也能達到可估市值的效果。」從二〇〇九年開始，貓下去的風格開始鮮明之後，大多數的菜色也就在那個階段形成。之後隨著每一年的調整與轉變，他試圖確

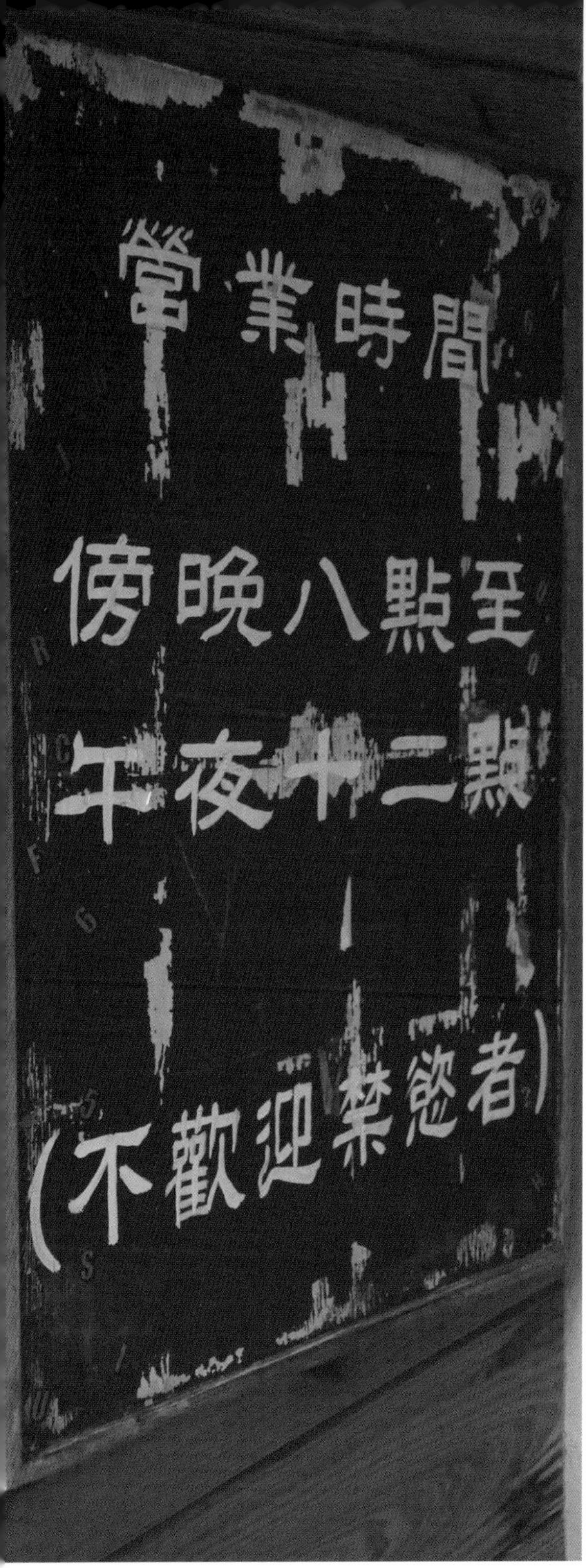

美食是一種自然的慾望

立小酒館的定義，也學習如何跟人互動。在轉型的過程中，他也終於在二〇一五年的春天，將一家小酒館做到足以完成具有估算成實際市值的成熟企業。這些不斷改變的過程是因爲陸寬心中一直認爲「我可以做得比別人好，不然我就不做」。憑著這份信念，我們相信他往後每次想法的轉變，只會更接近他心中最想傳達的餐飲業形態。

定義只會綁架靈魂

而回到個人特質來說，透過與陸寬的對話，我們也從中整理出在他身上看到的顯性名詞，即是「怪咖」。在前段的採訪中，陸寬也曾用「怪咖」來形容他們這一群人。因此，我們想細問這一名詞在他的心裡究竟是如何被他解讀。他說：「一開始我常常被認爲是怪咖，因爲我做了許多不符合常規的事。從中我發現到，其實是大家都怪得沒有邏輯可言，我認爲『你要做到很奇怪，就必須做到很成功』。而我也只不過在做大家沒想到的事情，因爲在臺灣的產業中，多數人其實都在做抄襲別人的事情，鮮少人眞的會跳脫這個框架，因爲怕別人會說你是怪咖。當初我到臺北工作時，有人對我說過：『如果你要用離經叛道的方式執行某些事情，你就必須要先熟悉其中的經緯線，這樣你才會做得有效果，才會知道其中的邏輯。』這句話我幾乎每一年都會將它再拿出來用。但隨著自己年紀大了，發現當要做一件瘋狂事情前，會

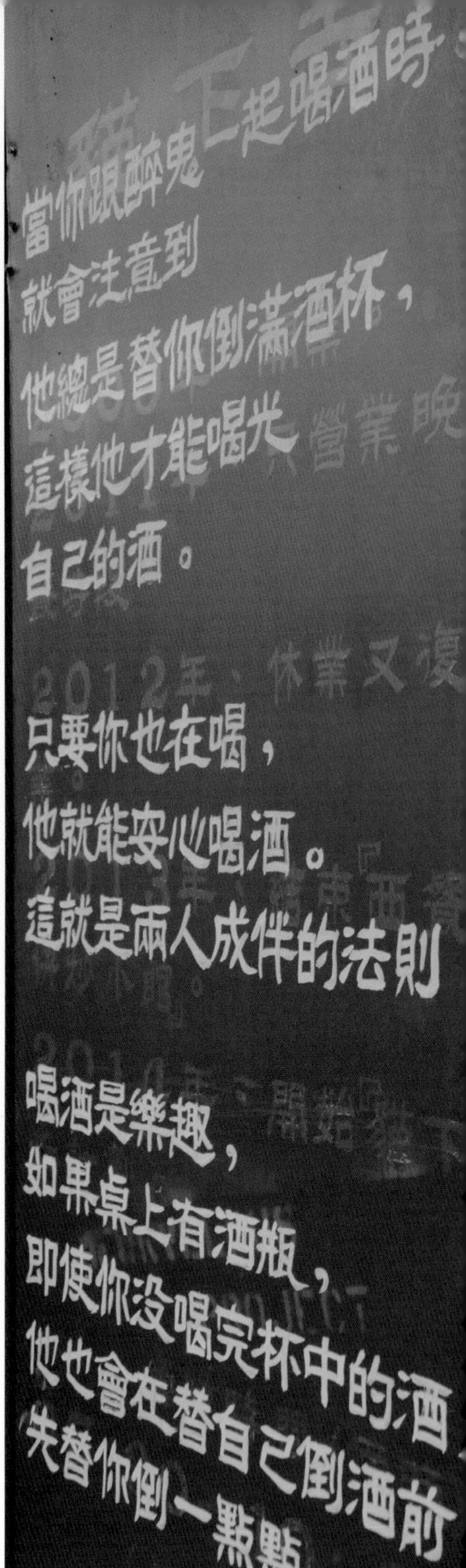

酒，有時給的是一種清醒

等待向晚之後的喧囂與滿座

有太多的想法，這樣其實有好有壞。壞的是顧慮太多而少了那麼點純粹，好的則是對事情的規則與線條更清楚，也對事物的底線思考更加清晰。」

在陸寬陳述完「怪咖」的想法後，我們將採訪的方向拉回到高餐時期，並且請他回憶自己當初在高餐的整體表現與如何看待高餐這份學歷與光環。他表示：「我在餐專畢業之後，其實對於自己的未來感到相當徬徨。在我讀的科系裡，我覺得光環其實不具加分作用，因爲我認爲回到餐飲的本質，學歷眞的不代表什麼，雖然有可能因爲高餐畢業而認識很多人，但重點還是回到能力優劣的問題。高餐出去的有些也是很慘，因爲別人會對高餐生抱有高標準的期待。因此在這摸索的過程中，我幾乎是從很低的角度思考，才會做到後來這些事情。就像當我認知到自己的能力沒辦法謀生或就業時，我會設法將自己與產業的距離拉近。甚至後來我在找的工作，有一部分也是爲了從工作中再學習我認爲不足的部分。」從陸寬的描述中，他眞實地反映自己所遭遇過的情況，透過與產業的距離，再以加強不足的方式來解決這個問題。或許從陸寬的解決之道中，我們又多了一個依循的方向。回到在高餐的表現，其實陸寬也是一名用功的好學生；也

空氣似乎還有淡淡酒氣

許在前面採訪所累積的印象中，感覺他是個經常頂撞老師的學生，但他的成績卻一直維持在前三名。因爲在過往的歲月中，他沒辦法好好念書，甚至在接觸樂團後，更沒有念書的想法。直到進入高餐後，他發現這是他最後一次能念書的機會，他便抓緊著這次僅有的機會，展開一段大量吸取知識的旅程。在累積知識的過程中，他提到：「我在餐專那幾年，確實拿走了一份『想像力』，一直到現在，我還是持續運用著它。在還沒進高餐以前，最原始狀態的我，根本不知道世界長什麼樣子，後來在大量閱讀與不斷嘗試的過程，才培養出既豐富又踏實的想像力。」

因爲開始對某些事物有了責任感，所以陸寬也必須對生活更加負責。在他的想法中，他認爲價值觀的轉變是再正常不過的事情，因爲當一項事物開始沒有邏輯之後，也就漸漸喪失著力點。從過去實習到如今創業，陸寬始終覺得自己是成長在九〇年代的人，他表示：「我是一個毀譽參半的人，對於所有人的讚美，我幾乎沒放在心上，因爲我並不覺得自己到現在沒有成功過。我只希望自己別再欠別人錢，把該還的錢還清，那就是現階段最好的展現。可能因爲我現在擁有的東西就只有這間小酒館，除此之外也沒什麼可

生活，就在這樣開始

以拿來說嘴的。而且當初我幾乎沒有預設要當老闆，那時我只告訴家人：『臺灣的餐飲業已經不太有救了，只剩創業或許還能改變一些事情。』有了這樣的想法開始執行後，我才知道自己眞的很渺小，我甚至對於那些讀了餐飲，還將思維停留在只想趕快畢業的人，替他們感到擔心。因爲我已經有將近十年，沒在餐飲界中看見非常傑出的新秀，這是很可怕的一件事。」

飲食教育的專業式拒絕

在本次採訪的末段，我們想以貓下去的經營模式與理念來作爲核心方向。在尚未訪問陸寬之前，對於他的貓下去，已經從多方的言論中獲得一些初步的想法。例如：「貓下去是一間很特別的店！」、「老闆的理念很棒！」不過也從中找到負面的評論：「他們的經營方式不是每個人都可以接受的……」、「有雷誤入，來這裡吃飯吃出一肚子火。」對於這些來自不同消費族群的褒貶不一，雖然陸寬已在前段以毀譽參半來定位自己的評價，但透過此段採訪的追蹤細究，期望能得到陸寬更深層的核心思想。他說：「回到餐

反覆的叮嚀，為的是希望您身心均安

飲的本質面，你要知道你的定位在哪，你做出來的東西是要給欣賞你、懂你的人，還是給那些湊熱鬧的人看。每天開店後，面臨的就是與客人的互動。你無法預料今天會碰到怎樣的客人，可能好也可能不好。但隨著你慢慢累積一些常客之後，有人會問：『爲什麼你們對固定客人比較好？』我認爲餐廳對常客好是天經地義，因爲他／她花很多時間照顧我，但眞正會這樣做的店家太少，大家都太隨性，而又變得說我太有個性。這其實只不過是我要確保這間小店能夠在一個符合可以上班的情緒與規則下運作，進而確定這生意是有保險的。但每天遇到的事情還是很雜，對於有些人會選擇在網路一直抨擊，其實那都不重要，只要你確定自己拿出來的東西是足以證明你自己的思想，就可以了。」在理想面上，陸寬告訴我們，你想過怎樣的生活，你就去做那樣的事情。他認爲「如果開間小店是爲了滿足你對生活的想像，那工作等於就是你的生活」；而回到現實面來說，因爲面臨人力資源的崩壞，他曾有過好幾次想停下來的決心。從陸寬創業的過程中，我們看到的是對外要對抗大環境，對內則要與人力問題持續搏鬥。在雙重的壓力下，他只能透過不斷地轉型來達到更適合的經營，維持生活的一切基

從高餐延展到此刻的餐飲故事

礎。

他也補充提到：「創業到了第七年，我是少數沒有放過大假的老闆。因爲我必須要把現實搞清楚，才能談論未來的夢想，才有想像力。如果我連現實都過不去，還再講那些不切實際的夢想，那你根本就不是活在這個產業裡。因此在面對這麼多客人給我的不同反應時，我是做到能與他們進行有底線的溝通。甚至在有摩擦時，我也可以處理得很漂亮，重點是你怎麼拒絕不適合你的客人，在餐飲業來說，『懂得拒絕客人』是不存在的經營方式，但我卻會持續去做。重新回到餐廳的本質面，我當然會基於開業要以和爲貴，但這是在符合你認爲的基本運作下才成立的。」從陸寬補充的這一段話裡，我們得到一個觀念：「當你將現實活得很踏實時，你才有辦法去談理想、談夢想。」因爲未來的變數太多，我們只有時常反覆思考，從中去修正自己的規則與位置，因爲任何的決定，都終將帶領我們走向不同的未來。因此唯有將現實活得現實，夢想也才得以呈現得瘋狂有理。

02

臺北

Allson Kitchen 三賀家

食魂的昇華・24種夢想的發酵方式

手作　浸釀　上菜

萬眾矚目的高餐路

林三賀高中對於讀書，並沒有強烈的熱忱。從國中開始，他即對餐飲產生莫名的嚮往，舉凡家政等相關課程，他都能表現得比別人還出色。因此高中畢業前，他曾想過以生活應用的科系作爲志願，但到了大學聯考時，他卻放棄了考試，而選擇去當一名餐飲學徒。在父母親皆表示支持的情況下，三賀開始從報紙上尋找工作，後來他也確實在飯店的徵才訊息中，得到面試的機會。一開始他心中所認定廚師的模樣，大概是像日本廚人或外國廚師那樣乾乾淨淨；等到他去飯店面試時，的確也感受到這就他原先所預設的廚師模樣。在符合期待的同時，他卻面臨一個問題，就是沒有餐飲本科的背景。師傅評估他可能承受不了，姑且先讓他試做一個星期。三賀則表示：「一開始當學徒時，其實就是雜工，什麼事情都要做。但只要到了空班休息時，我都會自己跑到書店K書。畢竟我不是餐飲本科出身的，關於很多餐飲的基本知識，我都必須要花額外的時間來好好進修。再加上從國中開始我就很喜歡英文，所以就算我當了餐飲學徒，我也

餐　　廳：Allson Kitchen 三賀家

（臺北市松江路259巷7號）

校　　友：林三賀（88學年度二專西餐廚藝科）

這裡，縮短了前往法國的距離

不會中斷充實英文的習慣。」

成爲餐飲學徒的三賀，也開始邁向自己想走的道路，在持續充實的過程中，許多師傅漸漸看到他的努力不懈，且多加叮嚀他：「三賀，你千萬不要像某些師傅，空班時就只會打牌，如果有機會，你一定要繼續升學，或者出國去深造。未來你們的世界，就是學業與技術並重的時代。」那時看著在德國待過五年的師傅說出這番話，三賀即開始建立起升學與出國的初步想法，從中，他也知道只要出國了，是沒有人管你有怎樣的經歷。畢竟當時能選擇出國的人太少了，「外來的和尚會念經」成了大眾對於出國留學的人既有的印象。

後來，三賀輾轉到另一間飯店學習，在不同的廚房環境裡，除了遇到較年輕的師傅外，他也接收到外

法式浪漫，成了生活必要的調味劑

國餐飲書籍的刺激。同樣地，師傅也告訴他：「三賀，你還這麼年輕，千萬不能只是當一個會『做菜』的傳統師傅，你應該要再進修，例如想辦法考進高餐學習廚藝。再加上你有高中的程度，我們也能提供你相關的考試書籍，只要你有心要考，大家都會幫你！」一開始三賀的想法是認爲：「做餐飲有需要讀這麼高的書嗎？」直到在每個師傅不約而同的提議下，他才漸漸覺得這條路不妨可以試試看。於是三賀決心趁著在飯店當學徒的空閒之餘，不斷地加強所欠缺的餐飲知識，最後他背負著所有師傅的期望下，終於考上高餐西餐廚藝科。

進入高餐後，在許多專業課程的訓練上，三賀曾遇到不少令人印象深刻的老師，其中有個法籍老師何肯伯（Herchembert）最後竟變成三賀的乾爹。三賀對此也表示：「第一次認識老師，剛好是老師在亞都麗緻擔任顧問的時候，因爲高餐會聘請一些法國師傅前來學校任教，我們很幸運剛好是何老師最後一屆的學生，再加上我的英文能力較好，我就被指派成課堂的學生主廚。那時候我的壓力眞的很大，因爲老師是法國人，雖然他會講英文，但偶爾還是會夾雜法文，有時候因爲聽不清楚或聽錯的情況下，我會拖累整個

始終重現，往事便永遠鮮明著

班級的進度，同時師傅也會相當生氣。但是我不得不說，這的確是一個很好的震撼教育，雖然小老師都是第一個被罵的，但如果不趁著年輕，多累積一點不同的經驗，那踏出職場後，要如何承受更沉重不堪的考驗呢？」面臨實習時，三賀決定選擇亞都麗緻，因爲他的學長以及師傅都在這裡，巧的是，老師也從高餐任教結束回到亞都麗緻。開始實習後，他就與老師一同在廚房共事，從中他感受到整個廚房所營造的氛圍，如同置身在法國的廚房工作。除了菜單多以法文呈現外，連點菜時都不免需要講法文，三賀那時便立即有了必須學習法文的想法。開始學習法文的過程中，他也接觸了日文的料理書，因爲日文有一些外來語皆來自法國，在法文與日文同步充實的當下，三賀在亞都麗緻時期成長了不少。

始終如一，從高餐到法國藍帶

二〇〇三年，臺灣爆發了疫情最嚴重的ＳＡＲＳ風暴，連帶影響了整個社會運作的模式，就連以餐飲作爲服務業根基的飯店，也不免受到影響。那時候老師告訴三賀：「其實我在臺灣工作這麼久了，也差不多該告老還鄉。」聽到老師這番話，他突然湧起一些想法。在他與家人反覆討論之後，三賀便決定要跟隨老師前往法國，詢問老師的意見後，老師也替他安排了一間語言學校，剛好就在老師所住的城市中。三賀坦言：「到了語言學校時，其實心裡的壓力非常大，因爲這裡沒有任何亞洲人，再加上學校是在法國鄉下地方，也幾乎找不到會講英文的人，在沒有人知道臺灣在哪裡，甚至還將你誤以爲是泰國人的情況下，我只能不斷地督促自己，務必加緊融入這個環境。在這裡的生活初期，只要遇上任何問題，基本上都需要老師的協助。」一年過去了，三賀的法國生活也漸漸步上軌道。有一天老師對他說：「三賀，我希望你來到法國，不是只有體驗不同的生活，如果同樣都要花錢，那我眞的建議你去讀一間正規的廚藝學院，拿取一份正式的學歷，讓它變成無論你去到哪一個國家，它都仍是具有指標性的程度。」老師的話一結束，「藍帶廚藝學院」這一名詞，便悄悄地進入三賀的念頭之中。他開始思考自己究竟該不該聽從老師的建議，在這過程中，他也發現到藍帶的學費是阻礙他前進的最大因素。老師在得知三賀的顧慮之後，反問他說：「如果你花了這筆錢來作爲學習餐飲的費用，那你往後會不會從事餐飲超過十年？如果你將它分攤成十年的學費，那值不值得呢？」最後，三賀在聽從老師的分析下，他決定進到藍帶廚藝學院。

開始學習不同料理的三賀，到了該實習的時候，老師希望他能夠前往位於巴黎八區的米其林三星餐廳Taillevent實習。一開始三賀感到相當無措，他害怕在這麼夢幻高檔的餐廳下，自己根本無法勝任與負荷。直到老師對他說：「這只是一次實習的機會，有多少人想進來這裡都沒辦法，但我能幫你推薦，而且法國是最講人權的國家，一週上班的時數頂多三十幾個小時，再加上裡面也有很多我的老戰友，他們不會刁難你的。」就在老師極力推崇下，三賀成爲這間餐廳第一個日本人之外的亞洲人。那時，他被指派的主要工作項目是協助清理廚房，其次是擔任肉類主菜的配菜部分。開始上班的第二天，三賀就打電話給老師：「老師，這裡怎麼跟你當初講得完全不一樣？第一天上班我就已經超過三十小時，而且這裡的師傅都好兇。」老師聽後則說：「如果我當初就已經把話講得這麼可怕，你還會去嗎？我當然要以好聽的話讓你進到這環境，讓你知道你在臺灣經歷過的廚房有多麼安逸。」得知老師的用心良苦後，三賀還是選擇繼續

| 小夫妻的浪漫故事

接受磨難。他告訴大家：「每天只要我一開始上班，我就要開始接受炮轟與責罵。那時候，我很常哭，因爲那確實是一段充滿挫折的時期，雖然只有一個月，卻讓我深感度日如年。每天我七點上班，晚上十二點半下班，回到家，多半已是凌晨一點多，準備要睡覺時，大概都兩點了，到了清晨五點，我又必須起床，趕緊去搭一班將近一個多小時路程的車。有一次帶領我的資深領班對我說：『三賀，我現在二十歲，但你

藏不住的經典法式

都已經二十四歲了，還在當我的實習生，你會不會覺得很慚愧？』其實，他們只是用不同的方式刺激我。讓我在這種大環境下，還有足以承受責罵的強大抗壓性。」

開始習慣且適應的三賀，除了重新認識米其林，也重新評估了米其林餐廳的嚴格程度。起初他以爲頂多像是當時在亞都麗緻的困難版，萬萬沒想到，親自進來體驗後，他才知道在高餐或飯店，所遇到的每個老師與師傅，簡直都溫和得不像話。在感受落差的情況下，他也提到：「在三星餐廳實習時，雖然會一直承受無止盡的挨罵，例如當你開始做事時，無論你做得多好，他們還是會叫你一直重做，並且下一盤要更好。在他們的標準中，是沒有滿意的時候，但是正當你感到極度受挫時，他們又給你超級呵護地安慰。因爲他們認爲所有事情都是一碼歸一碼，這樣的反差，常常讓我受不了。我也清楚明瞭，在他們觀念中，當下責罵只是當下的事，該給你鼓勵，他們也不會減少、忽略。」後來，三賀在實習中，認識了一名年約四十歲的義大利實習生。三賀很好奇爲何他每天都能忍受得了這麼密集的責罵，他表示：「其實我根本不覺得他們在罵我，因爲我已經將他們的責罵轉換成一

總是熱情洋溢訴說這些感動

種背景音效。你要想想，我來這裡只要實習半年，就能從此逍遙了，但他們卻還是要待在這裡繼續罵著下一批人，你不覺得他們其實很辛苦嗎？」從該生的解釋中，三賀得到了很棒的收穫，他發現在這裡，不要有得失心，因爲不會有完美的一天。只要我們每天能從師傅叮嚀的項目中體會細節的重要，那就是最好的收穫。直到三賀實習結束，即將離開餐廳的那天，師傅才將他過去無法領略的困難，一併傳授訣竅給他。如今回想起那段三星餐廳的實習經驗，三賀認爲：「那確實是一段很濃縮的時光，裡面有太多說不完的故事，後來我也很感謝老師當時想盡辦法，只爲了將我送進去的用心。」

漂洋回臺，擱淺的成就

實習結束以後，一開始三賀的挫折感很大，他認爲自己已經沒有任何意願想留在法國工作。直到他認識了一個日本人，並且得知到他是一位遠從日本米其林分店，調派到法國米其林本店的專業廚師。原先三賀以爲他既然已經在日本米其林待過四年之久，被派到法國支援應該足以駕輕就熟。結果日本人的回應，卻讓他重新學到了一課。日本廚師表示：「我來到法國，才知道原來這裡比我在日本還要辛苦，而且辛苦的程度大概有超過四倍。」那一刻，三賀才知道自己的抗壓性原來這麼低。在與日本廚師道別之後，他也決定要前往米其林餐廳應徵，並好好發揮自己所累積的廚藝。後來三賀很順利地進到米其林一星的餐廳工作，一開始他跟著副主廚學習，且從甜點開始著手。雖然剛開始的表現常遭到否定，但他不氣餒，第二個禮拜後，他便開始上手。一個月後，老闆提出了階段性驗收的想法，那時三賀的反應相當平靜，只是覺得就把平常熟悉的步驟再忠實呈現一遍。果眞，在毫無得失心的狀態下，三賀得到了老闆與副主廚的肯定。在這同時，老闆也拍拍副主廚的背，並告訴他：「你總算可以退休了！」那時三賀才知道自己前面所訓練的工作，原來就是要遞補副主廚的甜點部分。開始擔任甜品項目的三賀，因爲甜點的部分，往往都是在最後才呈現。當時他告訴老闆：「因爲我原本就是料理底的，我想要在還沒輪到我的甜品時，先到其他工作站協助與支援。」在老闆深感信任的情況下，三賀把握住每次學習的機會，從中也建立起一份相當紮實的料理基礎。

漸漸習慣米其林一星餐廳的三賀，也對此表示：

最好的料理，獻給最美好的人

那些永遠鮮明的記憶，是一生閃爍的故事

「經歷過三星與一星後，我眞的比較喜歡一星的餐廳，因爲你自己把分內的事情做好，那就足夠了。三星比較不同的是，它們的壓力是來自它有很多觀光客，因此它們要維持餐廳的品質，不能被降分。否則會影響整體的營業額，甚至連帶影響到個人的薪資。」在三賀選擇一星餐廳後，有一天，他才發現自己的老闆，原來曾在一九八二年獲得總統受動的終身成就獎。那時他很震驚地問起老闆：「難道你不想追求更多的成就與夢想嗎？」老闆告訴他：「再多的動章與成就，我也還是要生活呀！因此我選擇開一家單價相對便宜的一星餐廳，寧可多一點客人，只要日子能過，我也能養得起員工，這樣就很好了，幹嘛做這麼累。」直到回國多年以後，三賀才知道後來老闆最後還是將餐廳賣掉，轉而到泰國的飯店擔任顧問。就這樣，三賀在法國所經歷的所有旅程，也一併濃縮在四年的時光中，最後變成一段永恆閃耀的記憶。選擇回到臺灣的三賀，一開始並沒有憑著高餐、藍帶的資歷，得到一份等值的工作。他說：「從法國回來後，我並沒有想像中光鮮亮麗。一開始我也經歷過失業，因爲別人看到你是高餐畢業，同時又留法，且待過米其林，這樣的資歷，業者會以爲你來踢館，甚至變成

回到臺灣，傳承的就是一份記憶

公司的分裂者。」頂著兩個光環的三賀，即使只想應徵一名領班或師傅的職缺，他也到處碰壁。他當時心裡眞的只渴望找到一份工作，後來他甚至到星巴克面試。最後，他在隱藏學歷的情況下，找到一份製作義大利麵的兼職工作。在工作的時候，因爲能力總是受到矚目，也不免被時常稱讚，那時三賀只會傻笑著說：「都是以前的師傅教得好！」後來，他總算在飯店找到一份行政總主廚的缺，他也才勇敢地向過去的工作夥伴坦承，隱藏學歷只是爲了跟大家好相處。在這段辛苦求職的過程中，三賀補充道：「在還沒當上總主廚時，我爲了方便找工作，也去過補習班補習報考餐飲證照。在實際演練時，同學就發現我怎麼表得如此流暢，後來我都笑笑對他們說：『我只是喜歡做菜給爸媽吃！』其實我很怕因爲自己的學歷，而影響到老師或同學，所以當我需要不同事物的時候，我什麼都可以放下，因爲唯有放下，別人看你的目光才會變得自然。」大家也好奇問：「你每次在放下自己光環時，那是一種怎樣的感受？」三賀則笑著說：「我並沒有很在意，因爲就算是藍帶畢業，那也不過是一張很貴的紙，重要的是，把菜做好才是最根本的要件。」

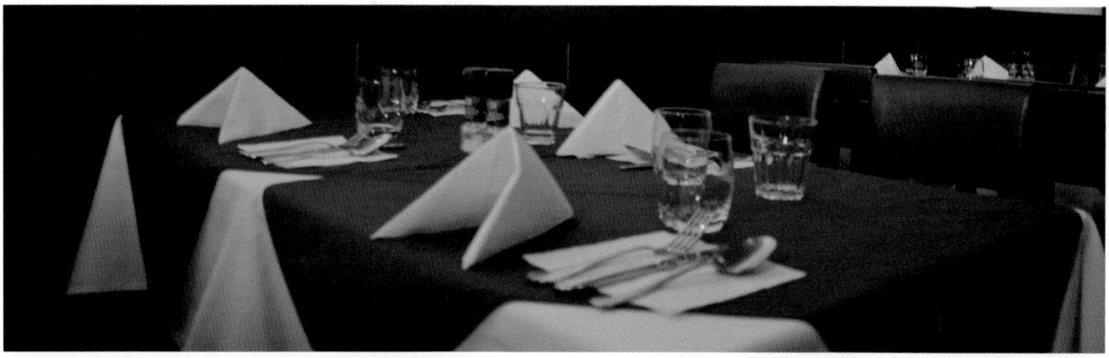

留住當時的美好，就等待別人來發現驚喜

現在走的路，以前叫「嚮往」

從行政總主廚走到決定自己創業的過程前，三賀還有一段值得分享的故事。當初從法國回到臺灣的他，原本只想先當個主廚，在某個機會下，他到了新加坡的餐廳進行面試，當時主管在看過他的履歷後，只告訴他：「我覺得你不需要來我這邊工作，因爲你已經具備很棒的條件，我鼓勵你往兩條路走，第一就是在一間很好的餐廳或飯店擔任主廚；第二就是跟著一位相當知名的師傅，成爲他的左右手。」透過這一段特別的面試經驗，讓三賀更加有了創業的決心。他也認爲，從高中畢業之後，他所選擇的興趣都是足以支撐他長久走下去的動力，因此面臨創業時，他也是覺得只要夫妻倆各盡其職，將能力發揮到最大值，其實店就可以開了。他表示：「當然開店前，你一定要自行反覆評估，除了定位一間店的產品之外，還有你的產值能有多少獲利。在餐飲這條路上，我們眞的受到相當多的鼓勵，我們都很幸運，沒有太多廣告，只是想從口碑慢慢經營起。反正我們也只有兩個人，能夠做的範圍有限，那就把餐點服務品質做到我們認爲最好的程度。最後你會發現，客人都是彼此透過互相

腦海總是複習著第一次料理的感動

推薦的方式，持續成爲我們的顧客。」

而在將訪談的重心，回歸到學校時，大家問起三賀：「從高餐畢業之後，你是如何看待這份光環？」三賀笑著說：「早期剛畢業之後，其實高餐的學歷是非常閃耀的。因此到一般餐廳面試時，他們可能會害怕，擔心你跟原有的老師傅無法溝通等，這些都會變成你無法去料想的事情，但我還是想對後來選擇餐飲的所有學弟妹說：『不要再猶豫到底該不該出國，而是一定要出去感受國外的餐飲環境，如果沒有辦法去，至少也要規劃一些提升自己能力的計畫。不然你怎麼去贏過那些有出國留學經驗的人？以我來說，如果我們都在飯店工作，那你們要拿什麼能力與我相較？甚至你要比我有本事才能將我擠掉，因此你必須要拿得出很實質的專業，來證明你自己。』我想我能建議他們的話，大概就是這樣。」創業之後，其實最大的挑戰，並不是改變，而是要如何在改變之下，仍然忠於自己所堅持的想法，且不跟隨大環境的變遷而隨波逐流。或許在菜單的設定上，三賀有過不被客人買單的情況，但這就是他所堅持正統的法國菜，也是當初師傅所傳授給他最道地的法國味道。如今，看著三賀與玉琴，這對務實可愛的夫妻倆，在他們創業的

回首一起扶持走過這麼多時光

故事中，大家還有一個問題想詢問他們：「爲何大家都在做相同的事情，但成功的人卻只有那幾個？」三賀思考一番說：「我想這應該是對餐飲的堅持抱有多少的決心，因爲在堅持的過程中，你會遇到很多阻撓你的因素。但是，你在最能發揮自己的情況下，有百分百地允許自己嗎？如果將餐飲事業目標放遠，當你二十歲的時候領三萬，三十歲的時候如果還領三萬，你還會感到滿足嗎？我們現在自己開餐廳，那五年之後，我們兩個人還能繼續開嗎？這些都是你必須要堅持與提升的事情，這很辛苦，因此很多人會選擇放棄或離開。」

從業界身分考進高餐，然後實習時待過亞都麗緻，後來還到法國學習語言與廚藝，除了會做法國菜，也懂得法國人的思維，甚至也待過三星與一星的米其林餐廳。當初前往法國所付出的學費，也幾乎在這十年之中，得到了很棒的回饋。透過四年的法國記憶，三賀仍在不斷地規劃著未來，但唯一始終不變的是，他廚藝之中那原始道地的法國味道，會持續在三賀家醞釀著。

03

新北市

塔緹妮法式蛋糕

食魂的昇華・24種夢想的發酵方式

手作　浸釀　上菜

一段暫停前進的人生

提到餐飲，在力川的背後，藏有一段峰迴路轉的旅程。因爲從小就喜歡麵包，對於餐飲一直抱持高度的想像與追尋，國中畢業後，原先想選擇念餐飲科的他，卻在家人認爲餐飲科只是端端盤子的刻板印象下，轉而選擇念普通科。進入一般高中後，他前前後後共轉了兩門學科，分別是電子科與資訊科。在歷經這兩門學科的訓練後，力川仍對自己的未來深感不確定。在這迷茫的摸索中，他的成績排名也悄悄地後退到倒數的名次，而就在升上三年級要面臨升學時，他卻選擇放棄考試。他表示：「大概在進入高三下，我就利用畢業前半年的時間，慢慢與我的家人進行溝通，我告訴他們，我想要去當麵包學徒，好好學一個專業。後來我的家人答應我的請求，因爲他們看見我的決心，也認爲烘焙在餐飲的環境中屬單純，並沒有太多複雜的應酬。」順利得到家人的支持後，力川也進入麵包店擔任學徒。起初，他什麼都不會，從基本的製作到獨立完成，對他來說都是艱困無比的挑戰，甚至到了後期他發現自己只會製作產品，每當產品發生

餐　　廳：塔緹妮法式蛋糕

（新北市八里區中山路二段406巷1號1F）

校　　友：鄭力川（90學年度二技烘焙管理系）

給寶寶的最好禮物

問題時，他卻沒有能力解決。在這種時好時壞的情況持續下，力川也不斷地尋求改善的辦法，在反覆探索的結果下，他發現了高餐這所餐飲學校，便決心往它邁進，因自己沒有餐飲基礎，力川選擇前往補習班進行衝刺，在半年的密集努力後，他果然順利地考進高餐，並選了自己熱愛的烘焙。

力川表示：「進入高餐後，因爲有過麵包學徒的經驗，讓我在實際操作上，比較快速上手，但遇到烘

重現每次比賽最美的時刻

焙相關的理論時，就顯得薄弱許多。幸好當時我們的班導師是從業界回到學校任教的，他訓練我們的方式，眞的很像在職場訓練所學習那樣；他對我們的要求，也是以業界的標準來評斷我們。那時候，眞的感到很開心，也不覺得疲累；因爲這就是我當初所嚮往的事情；所以在遇到很多實務與理論的課程時，我都會將這些課程當作再一次提升自己能力的訓練。」雖然進入高餐前的路，看起來是曲折多變，卻在無意中養成了力川與別人不同的經歷，這些經歷，雖然有些來得辛苦，但在進入高餐後，得到了很好的釋放。就像以考取證照來說，力川雖然非出自餐飲本科，但透過自身的努力，他一樣可以在二專畢業前，順利拿到烘焙乙級的證照。他表示：「考乙級證照的時候，剛好遇到半年在外的實習，這時候我反而更加努力，因爲我知道自己不是一個餐飲背景很強大的人。再加上求學過程並非一帆風順，我已經比同年齡的朋友落後一年半的時間，因此我必須把握每次能提升自己的機會，透過不斷地努力，以及知道自己要做什麼的決心，走到現在，我才覺得幸好有過那一年半的學徒與重考的經驗，讓我現在更想要補足那段比別人晚出發的時光。」

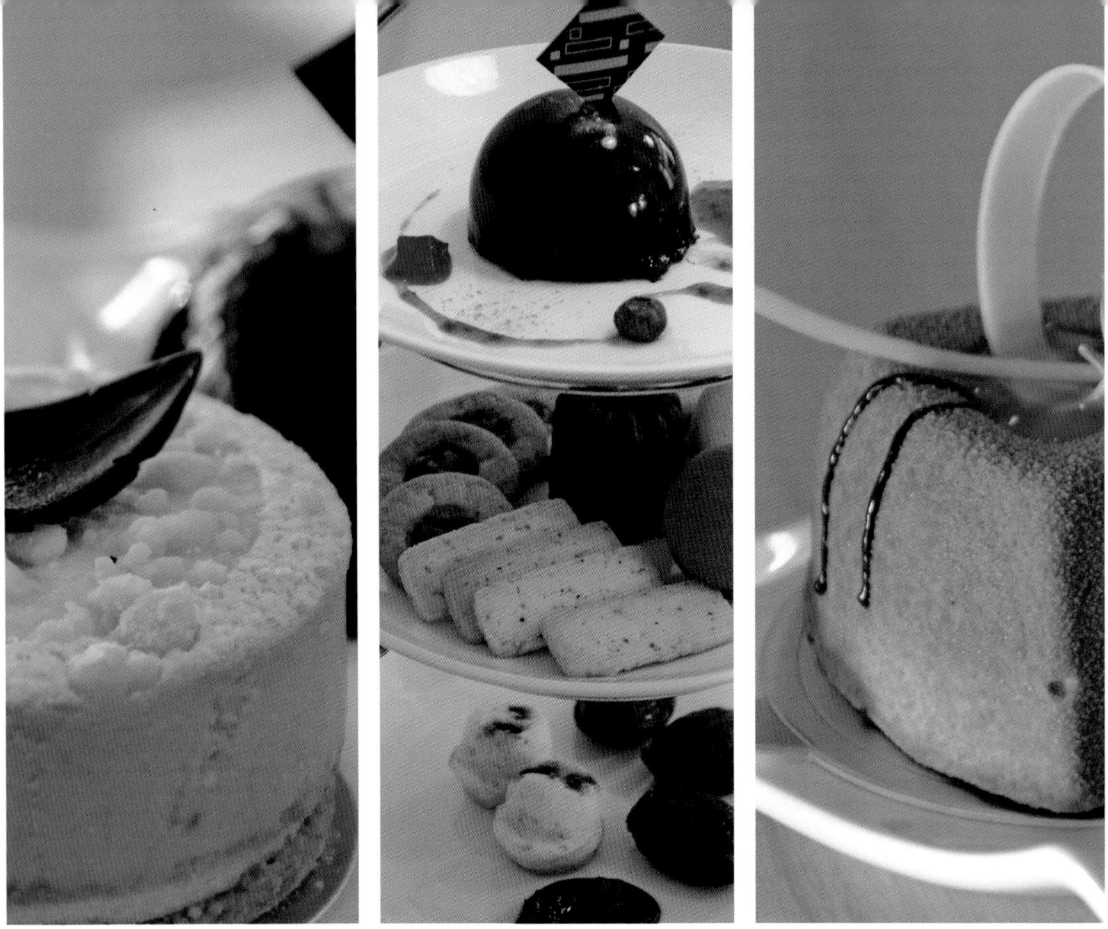

這些幸福，它都是一份認真的堅持

其實，在人生的求學階段中，我們習慣依循在團體之中延續自己的未來，卻鮮少有暫停下來，重新思考未來的勇氣。或許是我們會顧慮到「每個人都在前進，我們有什麼立場可以停下來？」但是，我們卻忘了最重要的一件事：「你到底是在經營自己的人生，還是別人期待你這樣發展人生？」當力川決定放棄升學，而選擇去當麵包學徒時，他克服了所有質疑的目光，只爲了朝向自己所喜歡的事情邁進，而在他發現高餐，並且選擇向家人告知重考時，他的家人只說一句：「我們一直都在等你說這句話。」於是在家人全力支持的情況下，力川得到了最好的動力。他也認爲，重考的那段時光是他人生中，最辛苦也最踏實的時光。在高餐二專與二技的歲月中，他也分別整理出兩種不同的收成心得：在二專時，他得到了一份終身奉行的學習態度，那就是「用心不用力」。他表示：「當時我聽到師傅對我說這句話的當下，我還感受不到這句話背後的深層意涵。直到我開始實習，進入職場工作，到現在創業後，我才從每個過程中，重新感受這句話的意義。我想將它分享給所有人，雖然每個人的理解情況不同，但我相信都是賦予正向的作用。」從力川的解釋中，我們也看到這句話，確實可

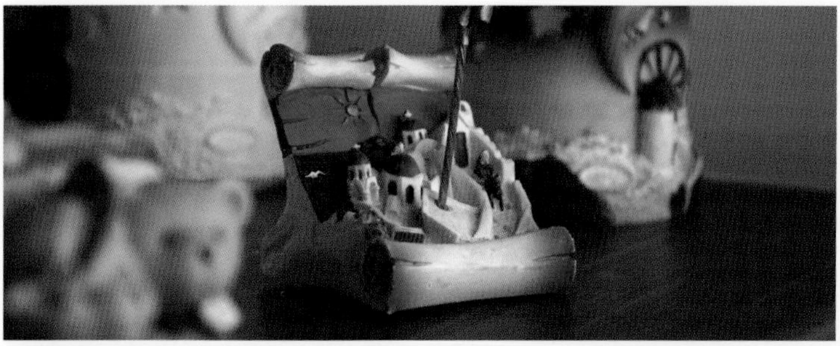

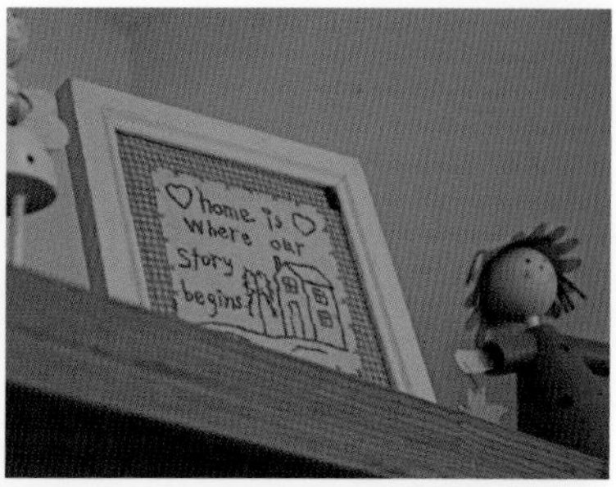

談起那段峰迴路轉的餐飲路

以作為整個人生面對事物的態度；在進入二技之後，他也認為二技跳脫了實務技術的層面，轉而走向理論與原物料知識的掌握。這對他而言，是相當貼切的安排，因為有了實務的操作之後，再透過理論得到印證，會更加深刻且扣緊知識的條理。

實力是創業的永續能量

在回想到學校的時候，我們難免都會有許多記憶湧現，其中最深刻的，大多都是切身的挫折。在與力川的訪談中，我們也看見他面對挫折時，所處理的方式是一份永不妥協的心態。他表示：「遇到瓶頸或挫折時，我通常會想，一次不行，那就兩次，總會在每次重新面對的過程中，找到適合的解決之道，因為過往的道路，我都是這樣走過來的，因此也沒有什麼不可能。」二技畢業之後，力川選擇先當兵，退伍後，他決定先到職場磨練一番，卻同時面臨一個問題，他當時認為自己退伍後，已經比別人晚了三年，在職場上，他的資歷頂多只能讓他找到一份比學徒稍好一點的職位，但是他不氣餒，開始上班後，他每天早上六點，自願到麵包店無薪見習，透過付出自己的時間來

感謝 個階段的無限養分

換取經驗的方式，從中快速提升自己在職場上的專業能力。雖然他那時已將近二十六歲，卻還是表現出強盛的決心與毅力，在這般辛苦的付出下，師傅也看見他的堅持，因此八個月過後，他的職位便開始迅速地往上攀升，後來又在短短的半年內，他直接從一廚跳到領班一職。這兩年內，一切的種種都是他一分耕耘一分收穫的結果，過程沒有僥倖、沒有逃避、更沒有所謂的後臺的支撐，一年後，力川又從領班直接升到了總領班。

當上總領班的力川，也表示自己因爲及早知道目標，進而提早進入這個環境。他告訴我們：「一開始不要太看重薪水的部分，因爲在專業程度尚未成熟以前，公司其實還是有教育你的義務。因此我常常認爲，如果要求我的起薪跟師傅一樣，那我能否可以勝任師傅的工作？如果不行，那我又憑什麼要求自己的薪水呢？我相信公司絕對是評估你的產值後，才決定給你相對等值的報酬。」在一開始進入職場工作的力川，早已建立起一套面對職場低薪的心理建設，從他的想法中，我們也得知「起薪有一部分其實是用來負擔公司教育你的費用」。因此減少抱怨，減少無謂的抗爭，或許是力川想傳達給所有初入職場的新鮮人，

每個角落，都是回憶的停靠站

一個值得參考的想法。因爲唯有讓公司看到你的價值，你才有升遷的可能，就像當時甫入職場的力川，早上他將自己的身分轉換成學徒，只爲了好好學做麵包；到了下午，他又回到了正職糕點師的身分，以自身專業教導新人做蛋糕，這其中身分的落差，讓他知道心態也要跟著不同，透過心態的調整，別人也會感受到你眞心想學習的意願。這樣的思維與精神，或許來自他的父親白手起家的緣故，讓他知道從無到有，並不是一件天方夜譚的事。他也不覺得當一名烘焙師傅，是沒有前途的事業。力川認爲：「食物是一種最踏實的生理需求，我能把它做好且分享給所有人，那不是一件很美好的事情嗎？」有了這樣的想法後，即使他再聽到別人問說：「做麵包蛋糕，有必要讀到大學畢業嗎？」他也能夠一笑置之，因爲很多事情，只要自己認爲對了，而且得到家人的全力支持，剩下的問題也不再是問題了。

在這一段實力的養成中，力川做了許多與別人不一樣的選擇。當初在實習的時候，他有提前半鐘頭到點心房的習慣，除了給自己一段緩衝的時間外，也試圖先了解一天的工作項目；正式上工時，他能清楚掌握每個細節，進而讓執行力發揮到最完整。到了後

歡迎來到這簡單的美好

期，師傅甚至讓他安排自己的行程。在如此備受信任的情況下，力川說：「當我是個實習生的時候，其實我不把自己當實習生看，因爲會侷限自己發展空間，只會選擇做實習生該做的事情，但明明自己可以做得更多。於是當我知道師傅需要用到什麼工具時，我會事先準備好，這個觀念可能是我在當學徒時所養成的習慣。」因爲習慣，很多事情的執行，其實對於力川而言，是再正常不過的事。提早進入工作的環境，除了力川所說的適應，還有背後附加的學習收穫。當初力川進入職場後，爲何他能在短短幾年內勝任總領班，只因爲他忠實地執行提早上班的習慣，因爲比別人還早到工作環境，他能有額外的機會，學習如何調送原物料的能力，從他的付出中，我們看到資源其實是潛藏在無形的執行當中。這也就是爲何這麼多人都在做相同的事，有些人得到的源源不絕，有些人卻只是徒增一段歲月的流逝，不是付出的心力不夠，而是在於你選擇將多少的自己投入在工作上。創店後，同時在學校兼課的力川，時常將這份精神分享給正在努力茁壯的莘莘學子。他認爲：「當初毅然停止升學的我，或許做了部分學生不敢去做的事。但我想說的是，只要方向是對的，即使路不好走，最終也會抵達

用心做好一件事情，就會幸福

相同的終點。」在聽完力川的求學故事，你會發現他多走了一段別人未曾走過的路，但若以整個人生的發展看來，多走的路並不會吃虧，總有一天也許你會發現，它會是你之所以能超越別人的關鍵。

不只是使命，更是幸福

從力川一路走來的過程，我們看見他堅忍不拔的毅力，雖然在高中他曾換了三次方向，但最後他做出了正確的選擇，決定邁向心中盼望已久的餐飲之路。從高餐畢業，他意識到自己已是個頂著高餐光環出來闖蕩的校友，因此他除了戰戰兢兢延續這份價值外，他也想告訴各位：「一開始高餐也許會讓你感到優越，等到實習後你會發現，別人會因爲你是高餐，而對你有好印象，這份好印象能不能繼續維持，主要就得看你的表現。就像當時我在實習中，也會一直被講：『高餐連這個都不會嗎？』但後來我才發現，那只是師傅必須要讓你趕緊適應職場的話術。因爲眞正到了業界，嚴格的程度絕對是倍增的情況，再加上師傅並不把我們當成實習生對待，他將我們視爲戰友，因此我不能變成師傅的負擔，而是要展現自己能發揮

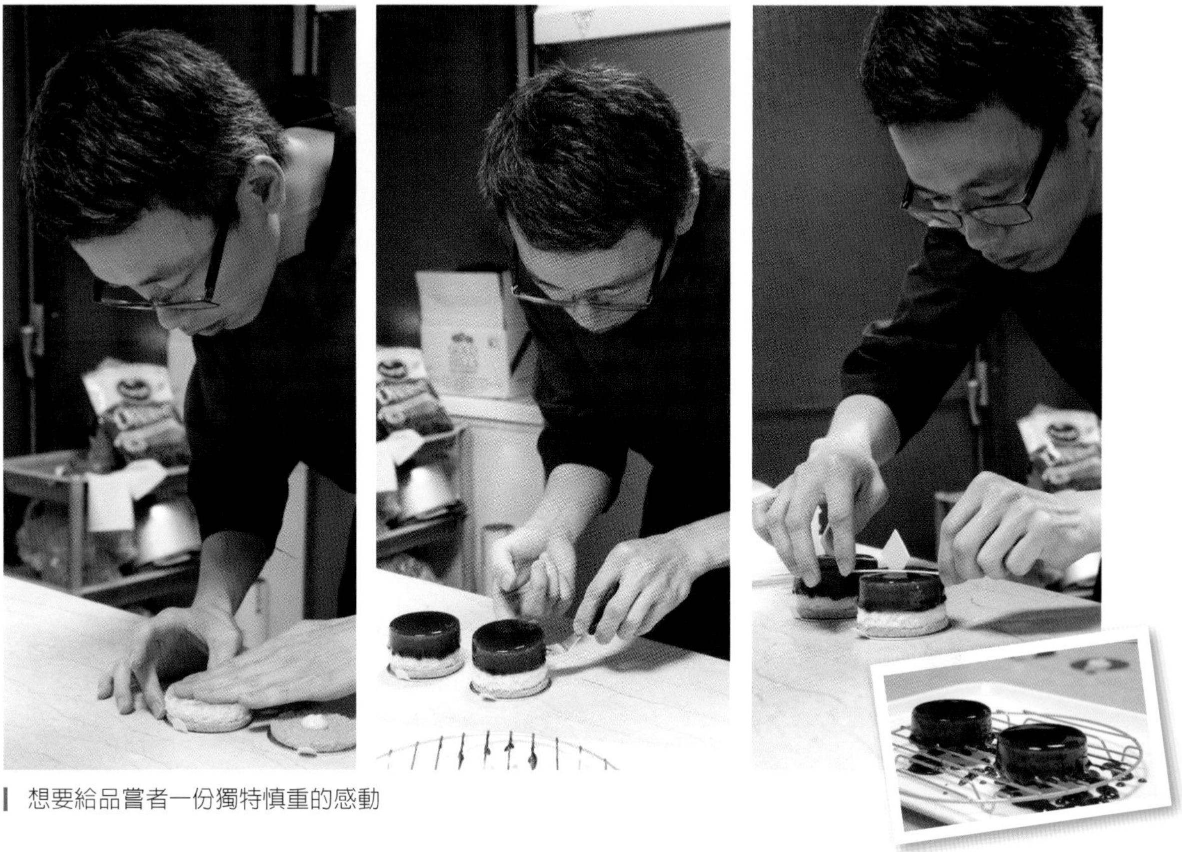

想要給品嘗者一份獨特慎重的感動

所長的一面。」對於力川所陳述的這段話，我們可以這樣認爲，雖然高餐這個招牌能讓別人快速地肯定你，但被肯定的同時，我們也必須拿出更專業的表現，來符合眾人的期望。也許實習過後，有些人便不走餐飲這條路，但只要我們還處在這個位子上，我們就必須維持這間學校存在於社會的價值。力川也表示：「做一天和尚就敲一天鐘，當你決定選擇高餐，你的所有言行就不只代表你自己，同時也代表學校及所有學弟妹。」誠如力川所言，無論未來是否還有要繼續走這條路，一旦你踏進這間學校，你就有義務維護好高餐品牌的使命，因爲它乘載的是一群人共同維繫到現在的成果。

出了社會之後，我們都是社會一份子，對於高餐的記憶，也許只變成一段曾經很努力的日子，每次回想到高餐，力川總是能在比賽的經驗中，重新感受那份積極向上的心情。他表示：「有時候去比賽，也是檢驗自己實力的一種方式，因爲在陌生的環境中，總會有你無法預期的挑戰，它可能會影響你的表現，但這樣的影響卻是一種刺激與成長。透過比賽的洗禮，你會發現『人在順遂時容易放大自己，挫敗後又縮小回歸到原本的自己。』因此，我會永遠記住自己畢業

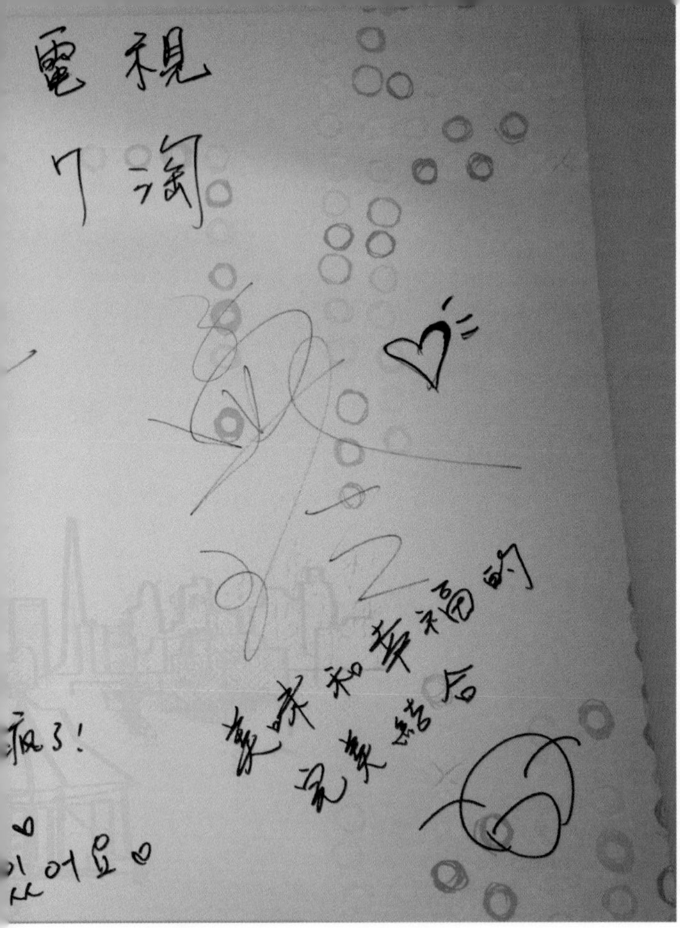

夢想的舞臺，記錄著許多燦爛足跡

或工作的第一天，因爲有那一天的開始，才會有現在的成就。」人的一生，或許只有一段密集學習的時光，等到我們出了社會，也許就無法像從前那樣恣意地學習。力川認爲：「人生只有一塊海綿是不夠的，要在每個階段都放置一塊海綿，等到釋放時，它才有加乘的效果。」創業之後的力川，仍然不斷接受各式挑戰，像是參加監評的考試，儘管當時全臺有將近兩萬名的考生，要經歷初選、上課、考試層層階段篩核，最後才能具有這項資格。力川笑說：「像我們這些業界師傅，因爲很久沒碰書了，三天的課程其實比想像中還要辛苦一些，但可能眞的運氣很好，才順利取得這項資格。」後來力川開始教書，他希望將自己的學經歷透過教學來分享，讓更多的學生能減少摸索的過程，因爲他認爲無論是從事烘焙或餐飲的人，應該都要一代比一代還強，他不希望別人繼續以「餐飲就是不愛念書的人才去讀的傳統觀念」來定位一個人的社會價值。他說：「工作只是一個人在社會扮演的角色，誰說水電工人的興趣不能是聽古典音樂，我甚至認爲，餐飲之於社會的責任性其實很強，因爲它延續我們的動力。吃雖然是一件再正常不過的事，但如果沒有人在餐飲的品質上把關，那就會出現很多層出

感謝每個人的光臨與支持

不窮的食品安全疑慮。此時，人們才會反思到，因爲有部分餐飲人的堅持不懈，生命才得以用更健康的形式延續。」他希望人們可以對於餐飲多一份重視，食物確實是人們很基本的需求，它很容易被輕易忽略，在忽略之後，我們很難想像它會被發展成怎樣的形式。

不是未來近了，是你更努力了

從烘焙回歸到社會後，力川有了許多想法，例如：選擇回到家鄉八里創業。當他決定執行這項計畫時，沒有想到自己竟會遭受到這個社區的質疑。他說：「開店之後，我們產品的價值定位，其實與地方上的糕點店有著極大衝突。但當初我想要回到八里創業的初衷，也是想讓當地人有另一種不同的選擇，我認爲一分錢一分貨，不能因爲吃是我們基本的需求，而就忽略對它的把關，就像我們自己做的東西，我們全家人都敢吃。因爲我所定義的糕點，它就是一份簡單且不複雜的幸福感覺，幸福的定義雖然很廣，簡言之它就是一份好的感受，一種讓生活繽紛的調味劑。因此，它也無法用價格去定義幸福的程度。」抱持這

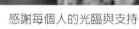

重新當我又感受起每個階段的人生

種想法，堅持創店的力川，雖然初期必須承受社區質疑的眼光，但漸漸的，開始有愈來愈多的人認同了塔緹妮。直到某天下午，有個客人在看完菜單後開口質問：「你們憑什麼在這邊開下午茶店？你們開得起來嗎？」那時力川只告訴他：「沒有爲什麼，因爲老闆喜歡吃蛋糕，家人也喜歡吃，爲什麼不能開呢？我想要讓八里這個環境有不一樣的型式，難道不行嗎？」透過這件事情，力川也反思到該如何讓更多的客人，眞的可以認同他的想法。一年過去了，他知道只有繼續堅持自己想維持的糕點品質，客人才會持續消費與分享。如今，得到穩定發展的塔緹妮，也依然秉持著當初最簡單的幸福，回饋在這塊土地上。

從力川的故事中看到，這一路走來高餐確實是他變化最劇烈的一段過程，即便如此，在看似滿載而歸的成果下，他卻只給自己的高餐生涯評了七十五分。因爲他認爲：「雖然當時我很努力培養烘焙的專業，但學到最後我才發現，自己努力的方向似乎太狹隘了，很可惜沒有再去接觸其他領域的專業，這些是我在進入職場後，才明顯感受到的不足。我沒有及時利用學校豐富的資源，像是語言、餐管經驗、人際互動等等。這些都是在我畢業後才慢慢更新，也許一部分

謝謝您，選擇延續我的幸福與感動

是因爲我在廚房工作久了，在遇到外場的突發狀況時，我的表達往往過於直接而不夠婉轉，尤其在我當上主管階級時，我必須管理整個團隊的細節，從中我都需要倚靠溝通來進行協調。對於這一部分，我也確實要花費較多心力來訓練自己，希望能夠像國外的師傅一樣，同時兼具應付內場與外場的應變能力，關於這個部分，一直是我想達成的目標。」在力川坦承自己的不足後，我們以他的問題當作樣本，進而聯想到或許正有一群人也同樣面臨像力川這樣的問題，因此透過分享，除了傳達自己的理念外，也額外產生一種提醒的作用。就像他在訪談中曾提到的「垃圾桶哲學」，經由你丟我撿的過程，我們總會找到適合自己應用的方法。最後，我們請力川解釋「堅持下去的動力」來作爲本次訪談的終點。他表示：「其實這份力量眞的很簡單，就是我想要帶給別人幸福，將這個想法放在餐飲上，無論是怎樣的料理，只要能帶給別人一份具體的幸福感受，那就會讓我充滿動力，繼續朝向這個宗旨堅持做下去！」

04

桃園

Le Pâtisserie Antonio創作菓子坊

做好時，食客就來．24種夢想的自助旅行

手作　浸釀　上菜

不需要終點，只要一次正確的選擇

在進入高餐以前，陳世育其實有一段相當辛苦卻精彩的旅程。高中就讀汽修科的他，在面臨無法直升大學的情況下，只有當兵與重考二種選擇。那時決定重考的他，以餐飲科做爲衝刺目標。他說：「那時選擇重考，就是想利用半年的時間去拚看看。因爲家裡是做吃的，所以對餐飲一直以來都有莫名的興趣。雖然要從非本科跳到餐飲是相當困難的挑戰，但既然都選擇重考，也就只能豁出去了！」世育在面臨重考時過程是無比艱辛的。他企圖將重考四萬塊的價值，在這半年之內發揮到最大值。每天五點半起床的他，搭乘一個鐘頭的火車到臺北的補習班。他表示：「在重考時，我都是第一個開門，最後一個回家的學生，回家後還是繼續念書，碰到眞的無法理解的問題，我就把考古題、歷屆試題全部抄一遍。我那時做了很多功課，到最後才發現，那些毅力與堅持的力量，全端看你要或不要而已。」

在重考的過程中，世育只能看著身旁的同學一直維持前幾名的狀態，

餐　　廳：Le Pâtisserie Antonio創作菓子坊
（桃園市桃園區明德街1號）
校　　友：陳世育（90學年度二專西點烘焙科）

回家，總是希望將旅行最美的紀念拿來分享

三個月後，他也順利躋進前段排名的名次。這一路的感受，他認爲：「當時坐在我鄰近的同學，都是前幾名的競爭者，在無形中互相比較分數的刺激下，我更加意識到自己不能認輸，因爲大家都是在欠缺的狀態下才選擇重考，所以我也不能落差別人太多。」半年後，世育在五百多人選考烘焙的競爭下，順利以第三名的成績進入高餐烘焙科。拿到這張入場券的他卻坦言自己從未想過能以新手的狀態考上高餐。

進入高餐的世育，發現高餐果真有別於一般傳統大學，他認爲高餐已經以很正式的訓練在養成每個人成爲一名專業的廚師，因此穿制服、環境整潔維護這種規定，對他而言是稀鬆平常的事情。甚至他還將這種感覺當成在工作一樣，並對此表示：「在高餐，挫折眞的隨時隨地都有，但唯獨讓我印象較深刻的，還是以人爲因素的挫折居多，在技術上的挫折，當下只會覺得要趕緊克服就好；但人的挫折，有時並不是自己努力就能改善。譬如優越感，它放在每個人身上的化學反應都不同，如果你接觸到的事物一直都是好的面向，萬一遭遇到不好的面向且無法解決時，那壓力可能就立即產生，因此在不允許失敗的情況下，優越感就變成一種存疑參半的感受。」世育的這段話說明了優越感是個好壞皆俱的意識。他認為人生其實有很多的挫折，以高餐的學歷來說，它能讓你得到一定比例的青睞，同時，社會也會對你充滿高度的期許。在這種正面觀感仍然持續的狀態下，透過世育的分享，也許能讓高餐學生好好看待這份社會的觀感，以及維繫高餐品牌的積極行動。

用打擊開啓順遂的路

在面臨實習時，起初世育用打聽的方式，並輾轉在愛思家樂的幸滿學姊推薦下，選擇了希爾頓飯店。在選擇了最好的實習單位後，世育心中所湧起的自信，除了滿滿的期望外，還有一股年少得意的氣燄。他對此表示：「進去希爾頓飯店後，我所呈現的態度就是『少年得志，志得意滿』。除了偶爾遲到之外，還擺出要做不做的姿態，甚至被師傅責罵時還不肯認錯。我當時認為自己從高餐來到這裡，居然要從最基層的清潔開始做起，在心態不平衡的當下，我並不知道其實師傅是在磨練我，直到幾個月過去了，在某次吃員工餐的時候，主廚與同事依舊照慣例地奉勸我要改變這樣的狀態。那時我心想：『每天都被這樣講，會不會改變一下眞的就更好？』於是我在那一念之間，就決定要改變這個心態。後來當別人漸漸察覺到我開始不一樣了，那一刻起，整個團隊的互動就瞬間變得融洽，我才知道雖然在高餐早已習慣分組的模式，但眞正在實習後，才讓我感受到『團體』這個鮮明的概念，以及整個協調與上對下的關係。」在這段訪談中，我們看到世育轉變前後的差異。也讓人證實到「實習，就是將人放進這個環境中去刺激與發酵」。最後總結出來的狀態是一種結合學生時期與初入職場的第一次磨合，而世育一身的氣燄，也從實習中被矯正成一份適當展現的自信。

世育決定在退伍後前往業界磨練，當時他選擇在家鄉的傳統麵包店先累積經驗，可惜進去後，卻未能如願。他說：「在實習時，我就已在這間麵包店工作，因為店內的師傅都是傳統學徒一路做上來的，當他們知道你是高餐畢業時，心中其實會感到害怕，進而對你產生敵意。後來他們用另一種方式教訓你，例如永遠有洗不完的模具，認為高餐畢業什麼都會，不用教了。在學不到技術的情況，同時又看到環境髒亂也不維護，所以我只待了三個多月。但創業後，我非常慶幸自己曾有那段魔鬼訓練的日子。」經歷這段強

舞臺不大，卻足以讓我的夢想腳踏實地

化心性的鍛鍊後，才讓世育明白到，人要待過相當嚴苛的環境後，才會珍惜現有的環境資源。在擁有承受高壓責罵的能力後，世育前往新竹國賓飯店工作一年。他表示自己在這一年內，已學到如何精確掌握出餐的節奏，從中也看到眞正主廚的態度與身段；在後期工作時，他也變成訓練實習生的師傅，在指導時，他整合自身所遭遇過的冷暖感受，運用更好的方式來訓練實習生。結束國賓飯店的工作，他隨即往晶華飯店工作，一開始上班時，他很明顯地感受到除了生意量大幅提升之外，內部分門又更加細碎。他坦言：

一個人的夢，原來可以這麼美味

「進去晶華後，起初大概有三個月的撞牆期，因爲我從三級廚師晉升到副領班的職位，這中間的落差，雖然讓我快速成長，卻也是前所未有的挑戰。直到後來，發現自己的能力還是不夠，原先所具備的專業仍是愈來愈無法應付挑戰，有時下班後，看著鏡子那個脫去廚袍的自己，我心中都會質疑自己到底還有什麼可以發揮？」

當世育沉浸在這難解的狀態時，某次上班的空檔，他在飯店附近看到留學展的活動，於是趁著空班時，他懷著好奇的心情前往，在閒晃時，他的眼睛停留在關於「日本、蛋糕、甜點」這些字彙上。其實早在高餐時期，世育就非常喜歡待在圖書館閱讀有關日本的書籍，在國賓飯店工作時，他也持續充實語言，但若要談及到他爲何下定決心前往日本進修，就要從某次在飯店遇到的戰爭開始，他說：「眞正強化我去日本的原因，是來自我團隊下的員工，她是一名政大畢業，同時去國外學習藍帶回國的廚師，當時我們晶華飯店都會例行性參加一些比賽，在比賽的過程中，我常常運用她拉糖的技術，來替我的作品加分，幾次優異表現後，她在賽後告訴我：『陳師傅，雖然你是高餐畢業的，但我看你的功夫也不過如此而已，我覺

學習的甘苦，最終都成了幸福的代言

得你不配當我的師傅！』她的那一番話，給了我很強烈的震撼。我心想沒關係，雖然被你講成這樣，但我確實知道自己還欠缺很多，所以我要出去累積，回來再跟你拚了！」懷著這份不服輸的決心，世育在想了兩個禮拜後，也確定要出國認眞進修！

淚灑東洋，破涕回鄉

在前往日本的計畫裡，世育決定先就讀語言學校，再前往糕點學校。當時的他，其實日文程度相當貧乏，在第一天抵達日本時，他就哭了，因爲他想要打國際電話，卻不知道怎麼買電話卡，在超商店員的協助下才得以買到。那天晚上，他走在沒有路燈的郊外，一個人在電話亭裡邊說邊掉眼淚，回到宿舍後，他依然繼續流著淚。他沉沉地說：「人生頭一遭到日本，根本無法適應，那時我在難過之餘，一直想到自己爲何要來？那就是不能輸給當時那位藍帶回來的女廚。」於是擦掉淚水的世育，決定開始奮發學日語。他從字典開始抄起，同時收看日本電視節目以及到市公所的老人會學習日語，三個月後，他開始略能掌握日語。在盤纏日益漸少的情況下，他決定開始尋求打

成就的發酵，過程也是歷經許多辛酸

工機會，起初他到宅急便、郵局發放明信片，但所得實在有限，因此他決定繼續投履歷，可惜都以「不錄用外國人、要會講日語」的限制被拒。直到他在工友的職業介紹所下，獲得一個飯店的面試，他告訴自己，如果這次再沒有錄用，我就不找了，於是他懷著第十一次可能被回絕的心情，前去面試。那時候正值歲末年終，他卻意外地在聖誕節前夕獲得這份工作，世育笑著說：「那時面試我的主廚，是留美的日本人，因此我們全程幾乎都是以英文面試，而且過程聊得很愉快，就在那短暫的一個小時內，我的人生徹底被改變了，因爲我順利錄取了！」

第一天上班就碰上聖誕夜，世育看著今日的訂單共有二百三十六份，他愣了一下，驚覺到這是多麼可怕的數字，但更令人驚訝的是，他在上班當日就被師傅砸東西，因爲師傅認爲他連這些都不會，那要怎麼對得起自己的薪水？下班後，他跑去廁所哭，他明白只有趕緊追上眼前這段落後的程度，才能在這間頂級的飯店生存下來。他說：「開始被質疑後，我就努力要改變別人對我的觀感。那時我很拚，除了提早上班之外，我也時時把握能學習的機會，半年後，我漸漸上手了；回想這段過程，才發覺自己原來學了這麼

讓付出的心血，化作歡笑的淚水

多，甚至開始感激以前打擊我的每個人、事、物。因爲在日本待過高級飯店後，我才知道過去根本不算什麼，而且從每個師傅的身上，我都看見一份值得被仿效的敬業精神，他們在上班前後的反差，是你很難料到的狀態，上班時，他們相當地嚴謹；但下班後，換上便服的他們，又可以與你說笑嬉鬧著，這就是日本師傅的工作態度！」就這樣，世育成爲在這間飯店待最久的臺灣人。在兩年半的時光裡，他獲得許多特別的工作經驗，例如：要負責與許多重量級的客人聊天，因爲他具備中文、英文、日文的語言能力，因此他得以勝任這份「陪聊工作」，甚至也因爲有這樣的特殊經驗，而讓他後來能擔任專門口譯的工作。

從語言學校畢業後，世育進入糕點學校再進修。當時的他，坦言自己又犯了一個老毛病，就是「自以爲是」。他說：「一開始進到學校，表現出的態度很囂張，因爲上課多半以分組進行，也就是強要帶弱。剛好我們那組都是弱的，只有我一個強的，我就當起了老大，只負責監督他們。直到老師告訴我：『你不能這樣子，不然你學不到東西，別忘記你當初來這裡的決心！』因爲老師那句及時的當頭棒喝，讓我開始學會溝通，也不再以高姿態去對待比我弱的人。」世育開始意識到團隊合作很重要，原先他自認以成熟的姿態站在大家面前，卻不知他其實有一隻腳仍陷在不成熟的認知當中，他不是花錢去當老大，而是要累積出國前所欠缺的能力。因爲他選擇改變，而讓他能夠擁有拉糖大賽第二名的成績，這些都是當下改變才有的收穫。若談到比賽，他有許多終生難忘的經驗值得與各位分享，他笑說：「我第一次在日本參賽的作品，在運送至會場沿途中就瓦解了，我永遠記得自己作品崩落的那三聲巨響，當時整車的人全嚇傻了，但我還是開車到會場，因爲我想要了解其他參賽者是怎麼克服運送過程的障礙，最後還能讓作品安然無恙抵達現場，等到一切都清楚明白後，我反而收起了悲傷的情緒，特地請大夥們吃飯，我一直認爲，反正比賽再比就好了，至少我在這次的經驗裡，學到一門學校不會教你的『比賽學問』。」

「安逸」未收錄在我的舒適圈

在日本學有所成的世育，回臺後，整個人的心態相較出國前，已截然不同。他表示：「我還在讀高餐時，原本想開間連鎖店，後來進入業界，想法又變成

這雙手，做的是一份實在的感情

現在最幸福的疲累，是有一群人跟著你分擔

想成爲一位頂尖的糕點師傅，從日本回來後，我只想做一個對得起自己的糕點師傅，因爲好吃不見得要華麗，客人是拿錢買你的用心，所以你務必要更用心，才能符合等價。有了這個想法，我將我的夢想縮小，起初我計畫去比世界冠軍，後來發現要自備籌款三百萬，剛好我從日本回來後，目標就變了，於是我就朝著『當一名地區首屆一指的烘焙師傅』爲目標！我想說的是：『當你退而求其次把自己做好時，別人就會發現你。』就像烘培界有很多即時翻譯，爲何那麼多從日本回來的師傅，偏偏就指定我？那是因爲別人看得到，你能把事情做好的能力。」於是世育回到家鄉桃園，先以工作室的形式開始創業，那時的他，只有一張桌子與一個烤箱，一天營業額二百元。持續半年後，他開始質疑起自己「高餐畢業、留日、比過賽」怎麼還是這樣的表現。他說：「工作室要有口碑，就是無限的試吃，因爲你沒有名氣，就算說得再好聽也不會有人來買，我第一個訂單，就是朋友的彌月，四天就賺了三萬。」之後世育開始製作常態性的商品，漸漸的讓大家開始發現了他。直到他接下一份高價位下午茶的訂單，他的營業額才從六百到一天三千。他笑說：「上天關起我的門，也沒忘記幫我開另一扇窗，好讓我沒有被悶死。」從世育創業的初期看來，雖然起步得很慢，但這是深根於地方必須要經歷的考驗。後來他與家人商量後，決定開一個實體門市，在員工還未招募的情況下，他就憑著一股熱情獨自開業了。

開業後員工才順利找到，在世育認為萬事皆備的情況下，他卻慘遭客人的質疑，因為產品項目太少，加上自己只會蛋糕而不會麵包，即使有著新店效應，也只持續短暫三個月，三個月後，生意立即受到腰斬。世育坦言：「生意受挫時，又碰到員工的離職，甚至還遇到業界師傅，當面質疑我這樣也能開店？我那時只想到：『麵包做不好，蛋糕也賣不好，跟家裡關係又變得緊繃。』當我覺得快撐不住的時候，朋友就及時來幫助我了。」當時深陷低潮期的世育，在朋友的介紹下，獲得了記者前來採訪的邀約，採訪結束後，他剛好也招募到新員工。後來報導一出，世育的菓子坊果真引起許多民眾前往朝聖，除了從中午開店到下午即銷售一空的情況下，還有幾百通接不完的電話，一個月後，生意漸漸回到平常值，但世育再也不害怕，因為他知道該如何去經營，果真在新的師傅加入後，他的店愈來愈壯大，到如今，他的產品項目共有八十多種。回首這段漫長的創業歷程，世育嘆了口氣說道：「我的Le Pâtisserie Antonio創作菓子坊，大概持續了三年，才讓我真正覺得有在地方上深根的踏實感！」從一張桌子與一個烤箱，到現在設備齊全，在世育身上，我們總是以為可以柳暗花明的時候，迎來的卻是新的瓶頸與挫折。因此我們好奇他這一路上，所得到或承受的鼓勵與批評究竟有多少？他坦承：「大概是五比五吧！但說到批評，其實都是小問題，就像一開店，很多人以為你從海外回來，肯定有金源上的支持。可惜正好相反，因為我的資源比較少，什麼都要自己來；相對鼓勵來說，客人眞的是最強大的能量，他們若覺得你的店很棒，東西又好吃，他們就會想盡辦法用新臺幣支持你，因此我不能怠惰，因為客人其實都感受得到。」

在每一段看似無法一帆風順的磨練下，卻更加茁壯了世育的創業能力。他曾以馬拉松的比賽比喻人生與創業的過程：「渴了想喝水，水站還有三公里；想休息，別人又超越你；終點在眼前了，腳又突然抽筋。當你經歷過抽筋有多痛，沒水可喝的極度難受，到了終點，獎牌立刻戴下去，就什麼都值得！」透過世育的這一番話，我們看到他的人生，似乎不能鬆懈怠慢。因爲當他以爲順遂時，結果又出現了阻礙；從阻礙中又有了轉機，每次的挫折都是不同層級的考驗，就像剛回到臺灣參加比賽，在高估自己的情況下，又遭遇到像在日本那次作品崩塌的事件。後來他記取教訓，在某次最有把握的比賽中，他將作品裝進三個箱子中，出發到會場時，他只攜帶一個打火機，那時會場的參賽者都不看好他，結果那次，世育得獎了！不過他也坦言：「後來我一直想要挑戰冠軍，可

在陽光的加熱下，麵包也充滿正向能量

能夠傳遞幸福，人生也算是四季如春了

惜在工作忙碌與自己的怠惰下，好幾次都是完成作品後卻睡過頭，其實不該這樣子的！有時候甚至在猶豫中就錯過了報名日期，我知道大家一直都在進步，所以我也必須不斷成長。」

對於身爲創業家的世育來說，從他的理念實踐中，大多數人看到的是承襲一份來自日本的精神，在工作中，世育的身分不是老闆，而是夥伴，因爲在日本工作時，他早已養成「制服脫掉，大家還是平起平坐」的觀念。因此卸下老闆的身分，對他而言轉換自如，甚至從開店到現在，世育還是與員工一同跪著擦地板。他表示：「員工是我生命中的貴人，因爲他們的協助，讓我能站在臺上跟別人Say Hello！因爲有他們的支持，我才能去當口譯、去教書。如果少了他們，我就眞的要跪下了。」在日本所養成的觀念與技術，回來臺灣後，世育更加銘記於心，除了時時奉行之外，在他的內心深處，其實蘊藏著一句話。他說：「我要離開日本前，主廚告訴我：『不要忘記你當初爲什麼要踏入這一行，不要忘記爲什麼要做這個給客人，全部都不要忘記！』因爲這一句話，讓我不管再怎麼累，我都會將每一份糕點做好！」從這一句話，我們完全能感受到世育的熱情，是一份澆不滅、擊不垮的正向力量。最後，他想要告訴學弟妹：「當你把高餐拿掉時，不過是個師傅，當你把老闆去掉時，就是一個團體的一分子，我們還是要下班，還是要過一般人的生活。我一直認爲挫折，還是會在你不注意的時候，又跑出來襲擊你，因此無論創業或工作的人，在面對挫折時，都要想想我的故事，因爲上天在關起門的同時，不會眞的讓你悶死。」

05

臺中 好食 慢慢

食魂的昇華・24種夢想的發酵方式

手作　浸釀　上菜

熱忱是創業路上的加油站

這次訪問的校友是一對非常熱情又可愛的小夫妻！分別是西廚系畢業的簡儀松同學及烘焙系畢業的蕭佩宜同學。小夫妻的好食慢慢座落在臺中住宅區一帶，在踏著輕快步伐前往途中，領略了這地方帶給人的清閒與幽靜。一進門後立即感受到佩宜親切的招呼，也展開這次雙人遊歷高餐的故事，儀松是高雄人，就讀的是小港高中，佩宜就讀的是臺中明道中學的餐飲科，原本永不相交的平行線，竟同時考進高餐，最後結成連理。對於這段奇妙的緣分，不禁想先請小夫妻倆告訴我們這個故事。

佩宜笑得滿臉通紅，率先當起發言人的儀松表示：「其實我在高中時曾被留級，當時對於自己的興趣很模糊，雖然我是小港人，也知道高餐這間學校，但眞正認識它，反而是因爲同學先考進去，才有了初步的認識，那時候我才想說考考看，結果運氣很好錄取了西廚系，開始學習後，也漸漸從盲目的訓練變成樂此不疲的興趣。我必須說我眞的很幸運，因爲考進高餐，同時也讓我選到能持續這熱忱一直到工作的西廚系。如果人生能提

餐　　廳：好食 慢慢（臺中市北區東漢街11號）
校　　友：簡儀松（95學年度四技西餐廚藝系）
蕭佩宜（95學年度四技烘焙管理系）

早找到自己的志向，是一件很幸福的事情。」佩宜接著說：「因爲我高中讀的就是餐飲科，第一志願當然是高餐，在我選擇烘焙系之後，也積極嘗試多項能力的挑戰，像是打工、擔任學生會會長等的課外活動，這些過程看似無關，卻一點一滴指引我走向想要走的道路。我也想告訴學弟妹，大學不妨盡情去接觸不同領域的事物，或許在某個啓發之下，它會是你眞正的道路。」

雖然儀松是以普通高中的身分考進高餐，但他卻不曾感到害怕。他表示：「當時我們西廚系很團結的

偶爾也走進慢活的美食中沉醉吧

是即使班上大部分都是餐飲背景進來的，同學之間還是經常互相指導，我當時已認定西廚這條路，因此心裡那份克服萬難的意志便很強烈，在這樣的意志下，我幾乎沒有過撞牆期的時候。」佩宜也補充：「當時考進高餐，很明顯地感受到整個班級的能力，其實是相當參差不齊的，連我都有這樣的感覺，我想高中生鐵定更有感觸。有時候只需要有天分，不用管之前讀的是高中還是高職餐飲科。」或許儀松的餐飲之路起步得較晚，但他始終不曾喪志過，反倒因爲提早訂下自己的志向，而義無反顧地往前衝刺。在佩宜的補充之下，也得到一個很棒的體會：「只要一件事物使你有著豐沛的熱忱，那麼天分就藏在其中等待被激發。」我們或曾聽過類似的這些話：「人生永遠沒有太晚的開始。」從儀松身上，我們看見他打拚的足跡，憑著一步一腳印的精神，在自己的料理事業上努力前進。如今，他能漫步在自己的廚藝路上，與人們分享美食，一切的本事，都是過去每個辛苦的當下累積而成。

在烘焙的道路上，佩宜告訴我們：「我在實習之後，已更加確定自己不會走烘焙。」眞是令人震懾的消息！但她卻笑著說：「我在高餐其實沒什麼挫折，

團結，永遠是夢想最強大的後盾

請您品嘗一份慢熬細煮的饌品

如果要說有什麼深刻難忘的事情，大概就是實習。我之所會選擇不把烘焙當作工作出路的原因，是因爲它相當吃力，而且在飯店擔任點心房的烘焙大廚，基本上都是男性，女性往往可能會因爲生理的因素而發展受阻。因此在面臨實習單位時，我選擇點心房的外場，一來我能與客人有互動的機會；二來我具備烘焙的專業，在跟消費者介紹或答覆的同時，也能很有自信地運用這些知識。」從大一時期擔任學生會會長的佩宜，在時間的分配上，早已養成完美切割的能力，所以她在大二時即展開打工的生涯，雖然常常忙碌於課業與打工之中，但她卻深深感激有這一段時間的磨練。她說：「在選擇實習單位之前，我若沒有這些工讀的經驗，或許我不會發現自己適合外場的工作。因爲有了這段時間，也啓發我的熱忱與興趣，我的人格特質也在那時候悄悄塑成。」畢業之後，佩宜到喜來登飯店上班，一待就是五、六年，後來她又去了北京的俏江南。她表示：「從臺北遠東實習半年，到喜來登飯店擔任ＶＩＰ客戶部門，再到俏江南。這三個階段的服務，讓我有了很紮實的能力養成。我們結婚有了寶寶之後，就想說儀松會內場，我會外場，那我們何不自己來創業看看？」

只是在創業之前，儀松還有一段不得不分享的故事。他表示：「在我大三時有個插曲，由於當時的實習只有半年，後半年回來學校後，決定跟同學合夥創業，開間炸雞店，結果意外經營得有聲有色，一直到畢業時才將它盤讓；但不幸於畢業後，出了一場車禍，在家裡休養一年，透過高餐師傅的建議，我選擇參加高職的教師考試。後來順利帶了班級，因爲過去在高餐的我並沒有什麼比賽背景，一直到從事教職帶領學生外出比賽時，我才知道自己要先成爲學生榜樣，才有資格讓他們作爲靠山。」在儀松的人生插曲中，這次的車禍，也讓他體悟到人生要知足惜福，現在的他，能以不同的心境去看待當時難解的課題，但唯一不變的是對料理的堅持。

創業經營遊戲第四版

結婚之前的兩個人，各自有著一段積極的故事值得分享。從高餐畢業之後的佩宜，進入喜來登大飯店，一切也都是從最基本的送菜開始，在送菜的過程中，她不斷地催促自己必須趕緊將菜送完，這樣才能參與到跟客人互動的區塊，這樣的想法讓她的能力很快就受到賞識，進而跳脫原先的職位；另外，從事教職的儀松，在帶領完一屆學生後，他替自己的未來做了規劃，他選擇離開教育界，回到業界，他深知自己的資歷沒辦法有太好的職位，因此選擇在學長的店先擔任副主廚，並開始爲自己的創業做暖身練習。

小夫妻倆表示，他們是畢業後，各自有了工作才開始密切交往。結婚當時正是儀松擔任副主廚的時候，在第一個寶寶誕生時，他們有了共識，決定將工作地點鎖定在臺中，一來寶寶有娘家可以照顧，二來也可以展開他們的創業之旅。

佩宜深深地嘆了口氣告訴我們：「我們好食慢慢這個地點，前身是頂讓的，在我們接手之前，已經有三家店都因爲經營不善而倒閉，所以大家會覺得這個地方做不起來，當我們成爲第四手經營的人，還有附近住戶告訴我：『這邊不好啦！』那時我心想：錢都付了，怎麼可以退讓認輸呢！於是我們就堅持開下去了。但我必須說，這個點比較不好的地方是結合性不強，因爲是住宅區，所以附近沒有像百貨公司那樣的商圈能消費。」

開始創業的小夫妻倆，首先遭遇到第四手的震撼，再來要面臨的是住宅區消費力的考驗，佩宜坦

▎讓過去的輝煌，置身在最美的夢想觀望臺

慢慢來，幸福與美味即將抵達味蕾了

言：「剛開店的壓力確實很大，但老師的鼓勵以及客人的貼心舉動，都讓我們無限感動。」原來創店之後的好食慢慢，其實藏有許多溫馨的小故事。例如：有次儀松的手受傷，但一直沒有時間去治療，碰巧有一位客人是皮膚科醫師，解決了儀松的困擾，還有一次在創業之初，高餐老師意外地光臨好食慢慢，喝了他們的南瓜湯，結果老師竟然感動得流淚，如此眞情流露的舉動，在他們心底是多麼貼心的鼓勵，提到這段也讓儀松在採訪的過程中，多次情緒洶湧而哽咽。在經營上，他們堅持對食材的高品質要求，像是開店至今，儀松兩年如一日，每天都去菜市場採買食材，可看出他對於食材品質的要求，最高的標準把關。因爲他們堅信用好的食材，才能有充足的自信面對客人，但食材的堅持是最困難卻也是最需要繼續的信念。

在採訪過程中，儀松與佩宜一直強調：「我們眞的很幸運，因爲很多人跟我們創業的年資差不多，但根本無法有這樣的成果，因此我們眞的比很多人都還要幸福。」從佩宜這番話中，我們感受到他們所說的幸運，其實也是懂得把握才變成幸福。在食材原物料上的堅持，對品質極高標準的把關，一般人要完全做到是相當困難且辛苦的一件事，但從小夫妻倆身上，

每個舞臺，都有一份熱忱的靈魂

看到他們深深的執著與努力。

他們同時也對所有默默關心他們的師長、同學、朋友充滿感謝。他們一致認爲：「藏在內心那份不斷回充的力量，是來自客人還有家庭，以及員工夥伴。」儀松表示：「我希望員工可以跟我們一樣不斷進步，不只是只有我們自己好就足夠了，而是要連他們的未來也一起負責任，這樣才是一個有溫度的創業家。」在好食慢慢的團隊中，所有的員工夥伴都是高餐的學弟妹以及儀松過去所教導過的學生，因此他們更體認到同理心的對待，因爲創業不是一個人的事業，而是一群人共同打拚的志業，員工的未來當然也是自己的未來！

完美的剖析面，是無數的細節

我們在談到創業的經營模式之前，已經從儀松與佩宜的身上，感受到一份很鮮明強烈的人格特質。這樣的特質發揮在創業經營上，往往呈現的結果，也多半都是往好的方向靠近。因此我們提出了一個問題：

「你在高餐這段時光，帶走了什麼？」

佩宜率先回答：「我覺得是『自信』，雖然我本

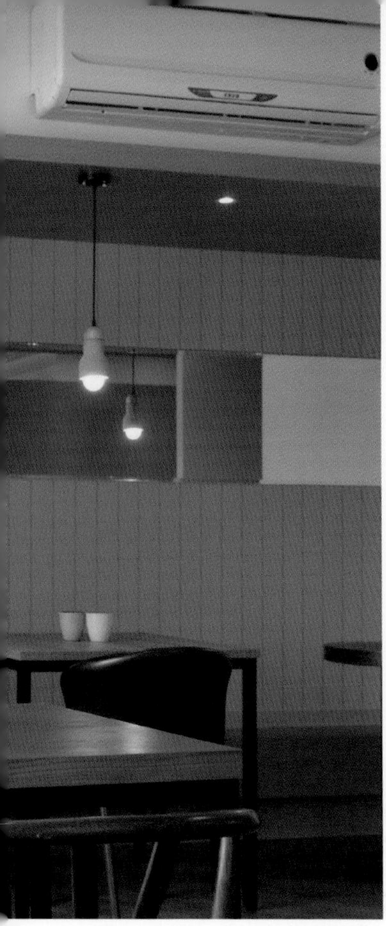

讓美食變成妝點心情的調色盤

來就是個活潑的人，但眞正的自信，是接觸社團活動之後才加諸在我身上的。因爲只會有愈來愈多人認識我，所以我不可以變差或者表現失常，有這樣的認知，我知道自己該做什麼事或者該充實什麼技能。我總是在別人提醒我之前，做到最好，或許有人覺得這樣很累，但這就是我享受的事情，像大二的打工讓我知道自己擁有傑出的外場表現，因此在面臨實習的選擇上，我忠於自己最有自信的部分，最後也讓我體認到，自己對服務的掌握更勝於烘焙的工作。」從佩宜的自信養成中，她漸漸找到自己得以發揮的舞臺，那就是外場的服務。在外場服務的本質訴求下：活潑、熱情、自信、信賴，本來就是缺一不可的條件。這些在佩宜的人格特質中，皆是能發揮最大價值的能力，因此在創業後，她持續發揮自己人格特質的專長，從中也讓更多人喜歡好食慢慢。

在聽完佩宜的收穫之後，儀松則吐出了兩個字：「態度」。他表示：「講態度或許會有些籠統，但如果從我的老師身上說起，就會變得很具體。在老師的態度中，我看見他的敬業與堅持，老師一直是我追隨的榜樣，也是我之所以堅持的動力；當我從事教職的時候，有次我正煩惱著要帶學生出去比賽，那時我也

因為夥伴，任何挑戰也不怕沒人撐著

同時了解到老師要出宴會，還要帶領三組學生參加全國賽，最後還得擔任指導老師，從那當下，我就只看到老師身上一份強大的力量，這份力量就是來自他敬業的態度。」有時候我們往往會因爲自己做了一件事情，就以爲再也不能同時承擔另一件事情。儀松在高餐老師的身上，體會到一個理念：「做什麼就要像什麼」。創業之後的他，持續奉行且運用著老師那份敬業的態度。

在核心的態度建立之後，其實創業所需要的條件還有很多。在儀松的認知當中，他認定「實力」是最踏實的力量，不尋求比賽得獎的光環加持，而是透過基礎功夫持續鍛鍊來達到創業的目標。在這過程中，小夫妻倆一直想分享的是：「創業至今，我們沒有花過任何預算在行銷廣告上，我們只是覺得把自己做好，就是很紮實的行銷，因爲認眞把握住每位客人的光臨，從口耳相傳中去擴散，這雖然不是立即性的效益，但層層累積起來的紮實名聲，也是非常可觀的影響力！」從他們的理念中，「做好」是創業最核心的本質，在做好之前，需要一段很長時間來鍛鍊自己，以達到能做好的實力。我們或許能反思一下，年輕的世代有多少人肯如此辛苦地付出又持續地忍耐？累積

美味的慢，成了回味無窮的幸福

確實是一件很累人、很厭煩的事情。儀松也說：「當你覺得煩的時候，有人覺得不煩，而且願意去做，那對方就很有可能超越你。」因此要做個有實力的人，就必須承受扎根的辛苦，畢竟離開舒適圈本來就是個難受的修行，更何況要接近完美，這是需要更多的經驗累積。

最後，佩宜也再次補充解釋了「成功」的定義。她說：「其實成功對我們來說，只是一個個階段往上爬的過程。只要在每一個環節任務上都完成得很踏實，那累積到一定的程度，就會變成眞實的價值（收穫）。透過這份價值的回饋，也會帶給我們很強大的力量，持續支撐著我們穩穩地去做！因此有時候覺得自己沒辦法，並不是眞的沒辦法，只是你還沒有忍耐到收成結果的那一天，就放棄了，這是很可惜的！」

每個慢動作，都是大躍進

從高餐畢業至今的儀松與佩宜，回顧曾與高餐最密切接觸的時光中，小夫妻倆深深覺得每當被客人詢問：「主廚是從國外留學回來的嗎？是哪間學校？」佩宜都會笑著說：「主廚沒有出國學習，我們都是高

訴說每個料理背後的祕密

餐畢業的，只是因爲對料理的執著以及食材的新鮮度控管，讓食物可以發揮它最美味的呈現。」他們一致認爲，從高餐畢業之後，因爲有著學長姐的鋪路，讓愈來愈多高餐的版圖在全臺每個城市中遍地開花。隨著愈來愈多人的詢問，他們的答案始終皆以能考進高餐的第一志願爲榮，在這樣喜悅的氛圍當中，也產生一個相當動人的小故事。

佩宜說：「創業的第一年，我們竟然在老師的推薦下，接到校長與一級主管的蒞臨好食慢慢！那時候我們倆內心都非常激動，這除了是莫大的鼓勵之外，也是我們的光榮。」校方感受到儀松與佩宜在經營的表現上，肯定是百分百的付出與奉獻。

在採訪的過程中，也請他們各自替自己的大學生涯打個分數，佩宜則是眉頭深鎖遲遲沒有答案，最後她勉強地說：「大概只有六十五分吧，因爲大學時我實在身兼太多外務，錯失當學生本職上的義務，或許再讓我重來一次，我會減少這些外務，而去補足這三十五分的空白！」儀松聽完之後，更是尷尬地笑說：「我只能給自己六十分，因爲在我車禍以前的性格，其實是帶有一點傲慢的心態。當時在面對許多事情時，我都沒有想過要認眞去執行，直到後來發生車

如果覺得城市步調太快了，歡迎光臨

禍，才讓我整個人的個性重新改變。因此，我一直認爲剩下來的這四十分空間，是因爲當時沒有好好把握學習的機會。」

在創業的整個過程中，是一段冷暖自知的旅程，其中有人會給我們批評，有人會不時給予我們鼓勵。佩宜表示：「因爲我不喜歡被別人念，也不希望被瞧不起，這種不服輸的個性使我在學習上會努力做到好。工作之後，由於這樣的模式已經相當上手，讓我在飯店的升遷上進展得很快，一直到自己有了好食慢慢，我擅長轉換自己的情緒，或者這就是我訓練有成的專業能力，好讓我能克服大大小小的困難事，因此我在接觸餐飲的路上，幾乎都是被鼓勵的情況居多。」從佩宜熱情活潑的個性中，確實極容易感受到她的正向能量。從飯店擔任ＶＩＰ部門的經驗累積，到如今自己創業，除了發揮過往經歷的能力之外，佩宜也時時以「用心」去服務每個客人，讓更多人喜歡她，進而喜歡好食慢慢。

接著儀松表示：「我一路上所歸納出的批評與鼓勵，大概各占五成。創業之後，我常常希望聽見的是別人對我或對產品的批評，我很需要被批評的聲音，這樣表示我有修正的空間。有時候我們都是盲目的，

從一個人到兩個人到一群人的美味關係

因此受到批評時，不要去聽那些情緒性的字眼，而是要聽被情緒包裝的重點，注意事情的癥結點，才讓我不會被鎖在情緒裡頭。就像當我們的產品不符合我們的標準時，我們不會去收這份餐點的價值，因此退錢是我們的原則。」從儀松身上，確實讓人看見一份「能承擔錯誤的勇氣」，或許當我們的心血結晶被否定時，會感到相當挫敗，但透過儀松的解釋，卻讓人學到「從成功的角度學，只會一件事；從失敗的角度學，則會二件事。」失敗帶給人的教育，往往是反省與突破。儀松同學掌握住這份反省與突破的力量，應用在自己的創業旅程中，誠如他說過的：「累積本來就是一件又累又煩的事情，因爲我願意持續去做，所以我才能得到這些能力。」

06

臺中

洛可可烘焙坊

食食美味・24種夢想的私藏絕活

手作　浸釀　上菜

遇見城市的白色鄉村

晟瑋的洛可可隱藏在緊鄰鬧區的小巷內。外觀以純白色爲基底的建築，給人一種彷彿置身於歐洲的浪漫感覺，走進後，整體的氛圍又是不同的感受，眞眞切切充滿著和諧的鄉村氣息，光是由外至內的心情轉換，就令人感受到店主用心營造的驚喜與巧思。洛可可成立的時間是在二○一五年的五月底，令人驚訝的是，他能在短短數月間，讓餐廳的人氣逐日不斷地攀升。晟瑋說：「我爲這一刻準備很久了！過去有兩年的時間，我都在自己的工作室磨練，從甜點、蛋糕、伴手禮、禮盒等不同型式去經營。雖然我一直有創業的想法，但知道資金還不足，所以沒有冒然行事。當時，我看到身旁有不少同學都去澳洲工作，因此我也決定前往澳洲一邊工作一邊學習新的料理知識，回臺後，很幸運看到現在這個店面，才決定開店的。」或許因爲過去工作室的品項多以甜點爲主，所以他在澳洲工作十個月的時間皆以冰淇淋、甜點的工作爲主，再透過進修方式來加強對甜點的廣泛認識。

餐　　廳：洛可可烘焙坊

（臺中市北區健行路425巷9號）

校　　友：林晟瑋（98學年度四技西餐廚藝系）

歡迎來到的白色鄉村夢想餐廳

晟瑋笑說：「在進高餐前，我是不會做菜的，因爲高中讀的是普通科，當初在選塡大學志願時，我只對資訊和餐飲有興趣，後來選擇資訊科並且讀了一般大學後，我開始評估自己的狀況，最後我決定休學去補習重考高餐。當初原先想報考餐飲管理系，因爲我想要開一家店，這科系可以教我管理的能力，不過我必須說，很慶幸後來進入的是西廚系，到畢業時，我已具備準備一桌料理的能力。因爲高餐給我的教育是相當紮實的訓練，像從最基礎的醬汁、高湯、海鮮、蔬菜的掌握，這都是從零到有的基礎養成。」以高中生身分進入高餐的晟瑋，談及許多餐飲新手曾面臨的狀況，像是第一次進到廚房的害怕無措，刀具不曉得該怎麼拿，切菜的手勢不知道如何擺，甚至也有連鍋子、火候都不會控制的情況。這些挫敗在晟瑋身上，都化成一股努力不懈的衝勁，使得他可以在大二時，趕上同學的程度。在這之前，也許因爲沒有基礎、缺乏專業支撐的緣故，在一無所有的刺激下，他體認到必須比別人更加倍努力才有可能迎頭趕上。正當所有的問題同時煩擾著晟瑋時，他能做的只有不斷克服考驗，最後，經由大一的勤奮耕耘，他不但記住做過的每一道菜，也熟讀了許多料理食譜，儘管踏上餐飲這

鈴聲，提醒美味不會遲到

條路，是從大學才開始，但這無關程度的差距，而是要清楚自己所努力的目標，一旦確立目標後，不管距離有多遠，只要全心專注，一定會追上那曾經遙不可及的未來。

大二時期的晟瑋，有了第一年苦行僧式的基礎鍛鍊後，在料理的掌握上，已經不能與當初踏進高餐的狀態同日而語，因此決定去參加新加坡廚藝競賽。他表示：「那次的比賽給了我很棒的經驗！我學到和學校傳授不同的廚藝知識，像是國外的食譜與不同的烹飪方式。雖然沒得名，卻讓我在其中得到不少收穫。」只是從那次的比賽結束後，晟瑋並未因此愛上比賽的感覺。他認爲：「雖然參加比賽，可以讓我吸收到有別於學校給的養分，但我覺得就算沒有比賽的刺激，我也能夠按照自己的方式達到同樣效果的成長。且在高餐，能訓練自己的方式太多了，你只要專注做好一件事，其實就很足夠了！」我們都知道，從參加一場比賽的事前訓練、準備到結束，要投入的不止只有時間與心力，還有資金上的投注，舉凡像練習用的食材、住宿與機票等開銷，有時這不是努力就能完全克服的問題。眞正讓晟瑋沒有持續比賽的原因，其實是因爲比賽的料理，有時候只有「好看」而不一

只想呈現美好的鄉村風

定好吃。他坦言：「比賽的作品，可能只是爲比賽而準備的料理，若以商業用途來講，它不實際也無法量化。」因此從比賽的整體心得下來，晟瑋感受到這段期間的刺激與成長，他也清楚認知到自己太早接觸比賽，在廚藝能力剛起步的狀態下，發揮的空間其實相當有限。誠如晟瑋所說：「當時去比賽的時候，等於只是把別人教的東西展現出來，卻沒有自己的創意跟特色。而且在比賽中，我明顯察覺到自己的作品，與已經實習回來的學長姐的作品，完完全全是兩個不同水平的層級。或許是我大二就去比，在想法上還不成熟，因此實際的作品也無法像學長姐那般靈活。」

從晟瑋的參賽經驗中，或許能提供學弟妹另一種思考，即是「先別急著去比賽」！當我們還不能成熟運用廚藝技巧時，先練習做到穩而不亂，在還沒有太多想法之前，先大量累積多方面的知識。雖然沒有人可以阻止你去比賽，但太早去比的結果，得到的往往只有對比賽的失望而已，當大二的晟瑋與大四學長姐的作品擺在一起時，即可看出儘管只有差距兩年的時間，但每差一年的訓練，其程度的落差卻是倍數的距離。從他的分享中，比賽的意義也多了另一種解讀的反饋。

做好每個細節，就是一個感動

每片挫折都變成盾牌

創業以前，還是學生的我們，雖曾透過工讀、實習的經歷來提早認識職場生態，但創業後，身分也從員工轉變成老闆，這其中的落差，也檢視著我們過往經驗的累積，是否有足以承受壓力倍增的情況。因此，在學生時期的訓練，除了培養專業知識外，還必須設定額外的課程，這些課程或許潛藏在實體課程中，只是透過細節來深入學習，最後累積得來的知識經驗，就成了我們與別人實力差距的依據。

當晟瑋與我們談到在高餐打拚的日子時，也分享了一段他加倍學習的經歷。他說：「我大一剛進來時，其實做什麼事情都沒辦法得到肯定，總是可以被找出問題，那時我就知道自己真的落後同學太多，於是我決定做出一些改變，除了專注在老師所教導的課程之外，我也不斷地反覆練習。大二持續依照老師傳授的方式去模仿後，才有漸漸上手的踏實感，這時候的我就完全不害怕廚房的工作，到了大三實習時，我選擇墾丁凱薩飯店。雖然剛進去的前兩個月，我有點適應不良，但我還是決定在空班時，到其他站區學習技能，並且常常利用空檔之餘，找不同師傅討教請

跟著我回到臺灣的紀念品

益。在不斷發問與學習的過程中，我逐漸能掌握每個工作站的操作模式，也讓師傅對我有了改觀。後來，師傅交辦給我的工作，都不像實習生能勝任的事情，甚至我能開始獨當一面處理工作站的任務，也能在空隙中支援每個站臺的突發狀況。」在加強學習的運作下，晟瑋得以在實習過程中，獲得師傅的肯定。從中，他知道自己要放下身段，讓心態回歸到學習者的姿態，他也建議學弟妹在選擇實習單位時，盡量選餐廳，因爲人員的配置相對較少，因此所學到的東西相對也較多元。他說：「餐廳可能每一個鐘頭就換一個工作單位，這樣確實可以學到比較不同性質的工作項目。」

晟瑋畢業時從高餐帶走了一份「持續學習」的熱忱，他認爲料理是永遠也學不完的課程，就像每個時期的他，對於創業的設定也是截然不同。從大一、大二的西廚課程中，他有了想成爲調酒師的夢想，但這個想法在暑假到法國料理餐廳打工後，又轉換成想開一間高級的法國料理店，直到大三實習結束回到高餐，他又想開一間義大利麵店。他說：「畢業後，我分別去過義大利與法國料理的餐廳工作，工作一陣子後，決定在家裡成立工作室，先從甜點開始經營。」

舒服的空間，讓身心得到美味前的暖身

在選擇創業的形式中，晟瑋以工作室的方式在網路上行銷，在數位時代蓬勃發展的趨勢下，這似乎是新手創業的最好登場方式，但晟瑋語重心長地告訴我們：「大家好像覺得網路創業是個趨勢，我眞心建議，不要網路創業。當我親身走進這個市場，才實際感受到，現在網路相當知名暢銷的店家，都是幾百家網路創業中極少數相對穩定的店家，更多的是早就已經收起來了，只是在每年推陳出新的帶動下，讓多數人以爲網路行銷是件容易入手的事情，進來後才知道要穩定發展，是需要有強大的毅力去苦撐。」

晟瑋說明了沒有實體店面的餐飲，就好像一塊來路不明的蛋糕，除了口感沒有口碑支撐，仍有許多因素阻撓著消費意願。在這樣的情況下，我們會有「不吃也沒差」的認知，也許因爲來自網路，陌生的糕點沒有任何說服力，進而使人產生一種不確定的購買心態。在大家還沒有購買欲望的前提下，「親朋好友」往往是最好的投資對象與宣傳。只是對於一個剛畢業，工作經驗不多的新鮮人來說，人脈也是有限的資源。晟瑋坦承：「成立工作室一年之後，整體的情況才相對穩定。收入頂多像出去工作那樣，只是在時間上比較自由。到了後期，我發現自己的產品開始被不

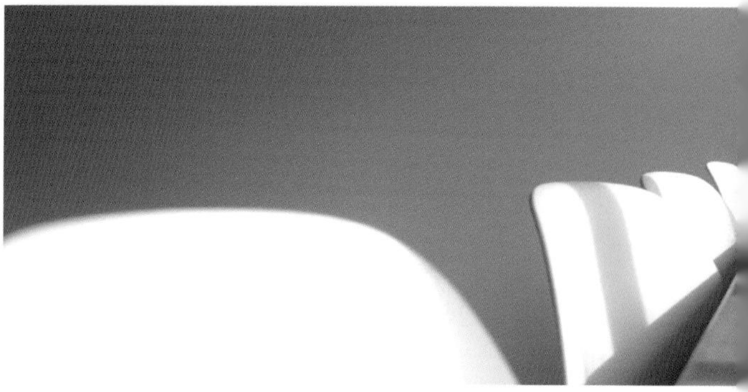

就像料理的熱忱，永遠都是這麼開心著

認識的人購買時，才知道自己的糕點在第一波親朋好友的宣傳分享下，確實發揮了一點作用。但整體來說，因爲工作室屬於獨資，在行銷包裝上受到經費的限制，後來創立洛可可，有了實體店面後，就可以有不同的呈現方式。」

從畢業後投入工作，到決定成立工作室，且實際在網路販售的過程中，晟瑋參與了網路這塊看似有形的大餅後，才讓他明白網路創業的艱辛，即便一年之後，收入已有提升，但更多的是這過程無數的挫折與打擊。他也坦言有一陣子做什麼都沒有用，生意依舊不好，等到產品從熟悉的舒適圈漸漸擴散到陌生消費族群時，他才感受到自己的糕點，原來也能得到消費者的青睞。回顧晟瑋開工作室的經歷，雖然前期的受挫依然歷歷在目，但他無畏壓力而選擇繼續堅持。所有的挫折還沒克服以前，它們有可能變成壓垮你的最後一根稻草，唯有在咬牙苦撐過後，它們才能做爲你防禦的力量。

因為美味，距離近了

結束個人工作室的晟瑋選擇前往澳洲工作同時進

拼湊一份驚喜，需要大量的巧思

修甜點，學有所成返臺後，湊巧在自己的家鄉臺中找到合適的店面，於是創業這項計畫就提前執行了。五月底創店首要面臨的是生意的慘澹，晟瑋表示：「六月初剛開店時，生意不是很好，甚至有好幾天是連一個客人也沒有上門。那時我腦海不斷地想到房租、員工薪水、機器維修、設備貨款諸多問題，雖然我知道創業要有預備金，但那時眞的沒有辦法準備，後來我一直想說要怎麼辦？該如何吸引客人願意光顧？」看著晟瑋沉重的神情，讓人明白「創業」看似充滿生機，背後卻潛藏著無限危機。從他的敘述中，同樣反映出許多獨資者在創業之皆可能面臨到的首要衝擊。晟瑋也對此坦言：「你就算緊張，生意也不會變好；你就算想要，客人也不會上門。」他能做的，唯有盡心款待每位上門的客人，從中累積紮實的口碑。

直到某天，一如往常的用心款待下，悄悄打動了網路部落客的味蕾，在深獲好評之餘也替洛可可寫了推薦報導。晟瑋笑說：「美食部落客幫我們寫推薦文後，店的人氣就逐漸上升，從假日爆滿到連平日也幾乎客滿，暑假客人也愈來愈多，到現在店裡的發展已經走向我原先想要的樣子，只是很意外它能發展得這麼迅速。」一開始選擇專攻早午餐市場的晟瑋，在歷

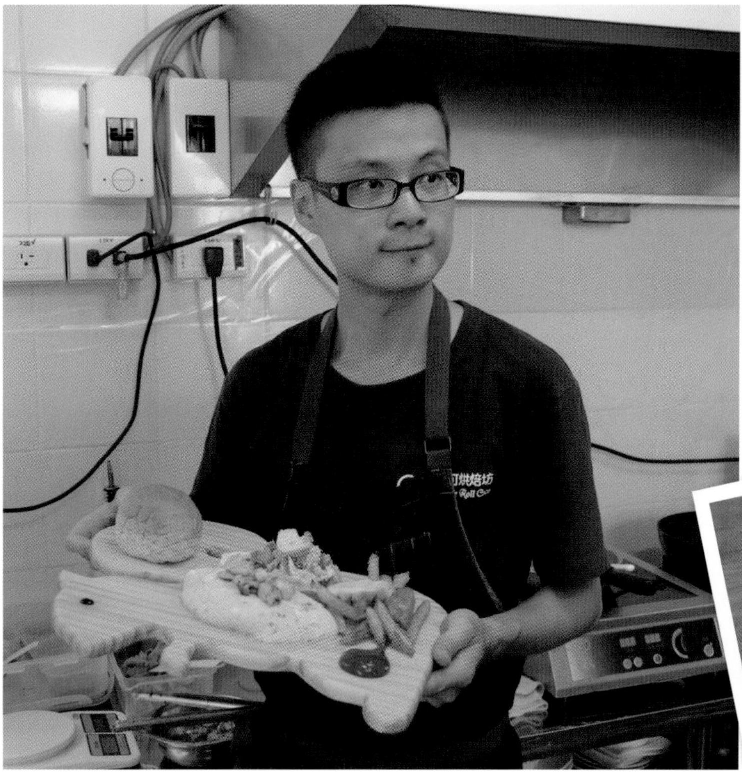

令客人為之瘋狂的木餐盤

經創業初期所面臨到的適應期後，終於得到實質上的肯定與獲利。從這段過程中，我們看到他除了在餐點的用料上，呈現不同調味之外，餐具的型式、擺盤的方式也都設計得相當生動有趣。他說：「剛開始生意不好時，我就反覆思考要如何讓客人上門，除了把澳洲學到的甜點加入菜單，我也融合過去所嘗過的美食進來。但我還是有個想法：『餐點好吃之外，擺盤的設計能不能更吸引人？』於是在開店前，我就先去學了木工，後來店裡的卡通造型擺盤或者鄉村風的木櫃，都是我親手做的。」

看著人氣稍有起色的洛可可，晟瑋似有感觸說著：「一開始我們的店很少被路過，因爲藏在巷子裡頭，一般人是不太會繞進來，而現在上門的客人，多半都是專程前來。」當有人懷著期待的心情前往我們的夢想時，那種喜悅、感動是筆墨無法形容的。即使最初的困境仍然歷歷在目，但堅持的動力卻持續回充著晟瑋的意志。他說：「因爲我已經將所有的心力都投注在其中，一開始客人很少，那就想辦法讓客人變多，像我一直都有計畫將自己以前的商品慢慢加進來，例如喜餅、禮盒，還有增設晚餐的部分。總不能只做等客人上門的生意，要做一些帶得走的生意。」

純淨的感受，加上美味的慰勞

漸漸的，晟瑋加入更多的巧思來增添料理帶給消費者的驚喜，雖然創業相當辛苦，獲利也並非如預期中穩定，甚至還要長時間待在廚房，但這些磨練，都是他心甘情願的付出。或許是在高餐時期的他，就已養成「無框架學習」的心態。晟瑋表示：「我曾聽某個廚師說過：『你人生累積的小事情，就是爲了成就未來的大事情。』因此在高餐那段期間，我純粹只是對繪圖設計感到興趣而去學習，實習過後，我更加意識到學習各種不同的技能，都有加分的作用。那時我就從木工開始學，學到後來，發現自己連水電的簡單維修也必須了解，學了這麼多不同的技能後，在我創業時都一一派上用場。」從沒有目的性的累積，到漸漸確定自己的志向，這段過程所留存下來的技能，竟在創業時得以完全發揮。如果說創業是晟瑋最終的夢想，那沿路的每一個訓練，就成了抵達夢想前的暖身運動。

創業，面臨全是變化題

從五月底到現在，晟瑋的洛可可持續不斷蛻變著。原本只經營到傍晚的洛可可，隨著晚餐的加入，

處處都是點綴的用心巧思

又是另一個冒險與成長的開始。他說：「增設晚餐後，希望這『月光洛可可』能夠帶給更多客人不同的用餐感受。」看著晟瑋創店的成長，好像讓人看見開店其實不難，資金準備足了就得以成形，但開店後，要面臨的挑戰才是困難的。就像從學校畢業的我們，有了專業的養成以及對職場初步的了解後，同樣都要面對無法預知的考驗。創業後，除了要將投入的資金先回收之外，「開店賺錢」這件事，似乎還是有著許多不確定的因素。晟瑋認爲：「開店雖然累積了很多基礎，但無論你準備多充足，面臨的考驗還是變化題，例如生意變好，會擔心它是不是因爲暑假還是部落客的緣故，當這些因素改變之後，那些客人還想不想來我們的店？這些都是縱使現在生意上來了，還是要經常思考的問題。」

創業後的晟瑋也坦言自己目前最欠缺的能力是「行銷」，雖然累積口碑是一份紮實的信任，但背後所需要的時間成本，卻也要禁得起現實的考驗。就算他的餐點極具特色與高品質，若沒透過行銷與包裝，即使是口齒留香的感動，也是無人能知的滋味。因爲這個缺憾，我們向晟瑋提出了這個問題：「在高餐時期，有什麼讓你感到遺憾的事情嗎？」他說：「我覺

回到餐飲道路上，那些難忘的人事物

得當時很可惜沒有在時間與資源相當充裕的況下，去讀更多的食譜，因爲現在自己創業了，眞的沒太多時間可以讀，如果當時有好好利用那段時間，我想現在的我能有更多的發揮空間。」每個廚師的心中都有屬於自己的一本料理書，它的篇幅大小，全來自我們過去經驗的累積。創業後，這本書就是我們與眾不同的價值所在。晟瑋補充道：「料理書，就是我們廚藝生涯的累積。畢業後，會的東西多半都是學校所教的，因此我想告訴學弟妹：『不要一畢業就想要開店，因爲你還沒有充足的職場經驗，也沒看過別人怎麼運作經營。』相反地，如果畢業後先去工作，從每家店裡學幾道拿手菜，到眞正創業時，就有許多很棒的預設菜單。」當時結束工作室，去了澳洲歷經一年的學習，晟瑋從中認識到前所未見的料理視野，同時也不斷地更新自己料理書的篇幅。回來臺灣創立洛可可，他將一路上所累積的廚藝進行首次釋放。他笑著說：「開店後，還是會有很多有趣的甜點想學。畢竟料理是一輩子的熱情，而且客人也會感受到你時時更新的驚喜。」

訪談到最後，看著夜漸沉入的天色，讓人感受到白天與夜晚的洛可可是兩種不同主題的心情，白天呈現的鄉村風格；日落後，轉而營造出有「家」的感覺。在色調上，從明亮清新的日光到柔和的月光。時間正常的變化反而讓洛可可的面貌得以顯出不同的感覺，再透過晟瑋精緻的料理，不只吃氣氛，更是吃得到高品質堅持下來的用心。誠如在晟瑋採訪過程中，時時提到的理念：「我還是想做很好的料理給客人，

對於這點堅持，讓我沒想過砍食材應有的成本。我寧願單價高一點，也不屈就於現實，畢竟這份初衷，就是一直持續用心做料理的動力！我想吃過的客人，也會感受到我們的用心。」或許在聽完他的故事後，你有了些好奇，但真正的感動，或許是每個客人用餐完畢後，臉上那份的滿足。

夢幻的菜單，等您的光臨

07

臺中 簡單廚坊

食在美味・24種夢想的獨門秘招

手作　浸釀　上菜

學術並施的中廚人

在開始採訪以前，我們早已從多位校友的一致讚許下，得知畢業於中廚系、餐教所的簡士晟是一個瘋狂認眞的廚人，因此我們來到這以簡單爲名，背後承載了一個不簡單的故事與意志的簡單廚坊。有關他的人生、他的高餐生涯、他的創業之路，士晟坐定後告訴我們：「我高中念的不是餐飲科，而是食品科。當時我以爲食品與餐飲的性質差不多，結果讀了才知道其實差異滿大。不過這也讓我在食品科的訓練下，提早接觸了食品化學應用的相關知識，這對於之後選擇中廚系的我而言，是絕對加分的專業表現。雖然食品相關的知識應用需要很紮實的理論來支撐，但當我了解理論的形成後，再去接觸實際操作面時，我能掌握的是食品製作背後的大小環節。因此，我很慶幸自己當初有讀過食品科，因爲有這個過程，讓我在往後食材的運用上，能夠有更多發揮空間。」因爲有食品科的知識背景，士晟更能掌握食材的研發與變化，當他選擇以無菜單的方式創業時，他能夠展現的空間，也比一般傳統廚藝科系的人，多了一項足以施展的才能。

餐　　廳：簡單廚坊（臺中市北屯區景賢六路19號）

校　　友：簡士晟（97學年度四技中餐廚藝系／99學年度餐旅教育所）

這是我創作夢想的舞臺

對此，士晟也有感而發地說：「因爲有過食品科的經歷，再加上後來讀的是中廚系，當我開始創業時，我在菜單的設計上，能有非常大的發展空間。而我之所以會選擇以無菜單的方式呈現，主要是希望能在食材的發揮上，沒有太多侷限性，這當然也符合我想要不斷創新與嘗試的初衷。而且，無菜單料理給我的挑戰與刺激，也是基於自我對餐飲仍然抱持無限的想像。」選擇以求新求變的方式，作爲創業的主要方向，這一條路，其實眞的不好走。雖然無菜單料理的好處是能夠精確掌握每份食材的質與量，在不用屯貨的情況下，也更能保持食材的純粹性。但他所要面對的情況，是菜單構想的呈現，這需要對料理有著龐大的熱情與敏銳度才能支撐。士晟認爲：「開發菜單，眞的是很麻煩卻也很有趣的一大挑戰，我們除了要記錄客人的用餐喜好外，還要在他們每次光臨時，以不同的驚喜來豐富客人的感受與期待。有時候看到客人接受我們的料理時，那種打從心底的滿足，會讓我們不斷想再去突破與創新。」在廚藝這條路上，無論是正在求學的學生，還是即將踏入職場或創業的新鮮人，過去在學校或者比賽中受到肯定的表現，到了職場，是否還能一樣得到肯定？從士晟的經驗分享中，

料理能夠放進的靈感，是無限的

我們看到客人給予他的肯定，或許才是一種眞正身爲廚師所該具備的本事，而從他的想法中，我們也知道他會不斷地更新自己，就像當時選擇就讀中廚系的初衷。

士晟告訴我們：「當初我之所以會選擇中廚，是因爲中廚在臺灣的發揮範圍很廣，透過中廚，我能看到更多不同料理的展現，這對於喜歡持續精進餐飲技術的我而言，是一個非常合適的選擇，而且高餐眞的是一個很好的學習站，它除了名聲顯赫之外，在餐飲的相關資源上，也非常的充足。當時在學校，我可以透過餐飲的活動與案子，來提升自己的專業能力，同時，學校所營造的國際觀，也是一個非常棒的平臺，使我不會因自己念的是中廚，就侷限在只涉獵中廚相關的專業知識。現在創業後，我經常把國外很特別的餐飲資訊，也一併放入研發之中，這都是當初學校培養我具備的意識，好讓我能夠在自己的餐飲路上，加入這麼多看似對立卻又能互相配合的餐飲理論與技術。」從士晟的描述中可看出，高餐所賦予他的不只是學校本身的光環與名氣，更是讓他眞心認同了學校也充實了專業。在高餐的培育下，士晟不怕別人對他定下極高的標準，因爲他知道，唯有憑著自己累積的

美味的運用，就像不斷回甘的感動

眞本事，才能不枉學校的栽培，也不愧於自己最初想走向餐飲的衷心。

當一個全方面的廚藝老師

在中廚四年的學有所成後，士晟選擇繼續攻讀餐教所碩士班，同時也接觸師資培育，這讓原先習慣於廚房生態的他，如今也必須從廚房走到講臺。在轉換身分的同時，他說：「大學念完中廚後，我其實有想過要不要讀碩士班的問題，有人曾當面對我說過：『只是在廚房工作有需要念到這麼高嗎？研究所畢業有比較會煮嗎？』這些問題到了我後來讀餐教所時，才體會到當初那些人只不過是將『廚師』一職的定義，限制在他們既定的框架底下。開始接觸師培後，它所帶給我的刺激，也讓我重新定位起自己原先的角色。」從過去自主學習到廚藝的展現，士晟只專注做好自己分內的事，直到開始實習甚至教書以後，他必須將過去那些廚藝經驗，轉換成眞正能傳授給學生的能力。碩士班開啓他不同的知識視野，從研究的過程看來，士晟也學會如何設定問題、提出問題、發現問題、解決問題。在此刻回歸到餐飲的路上，他不但擁

創業的背後，有一份永不乾涸的創新力

有原先精湛的廚藝技術，同時也具備了傳遞知識的能力。

回顧士晟在高餐這七年的時光，他總是盡力扮演好每個階段的角色，無論是教書還是創業，背後也總有一群老師會時時想到他並且給予指導協助，在如此積極與努力的情況下，士晟還是有過幾段難熬的時期，他說：「我在大四時，因爲修了太多外系的專業課程，再加上我當時還有師培，以及一些廚藝比賽，甚至也幫老師製作案子，那時候，生活眞的非常緊繃，雖然事後回想起這段過程，會覺得異常充實，但當時根本不會覺得這是充實，而是辛苦。另外在我念碩二時，這個階段更是一個困難倍增的時期，當時我除了在高餐念書之外，同時也已經在高職任教，在兩邊都要顧及且表現良好的情況下，兩種身分的轉換，在心境與思維上，都是當時一段很辛苦也深刻的記憶。」在了解士晟的辛苦歲月後，我們對於他如何調適自己的心情也非常好奇。「看書」是他抒發壓力的最佳方式，他笑說：「很多人可能會覺得心情已經夠緊繃了，怎麼還會想要看書？但他們卻不知道，每次閱讀餐飲相關的書籍時，我都會重新找回自己最初對餐飲所懷抱的熱忱，透過那些厲害的前輩，當他們又有新的作品與想法時，便會驚覺到別人還是這麼努力在進步著，自己憑什麼遇到挫敗就放棄。身爲廚師，有時候看到別人堅持下去的動力，自己也會想要再找回這股前進的力量；而身爲老師時，我也會藉由自己閱讀的這項特別經驗，來鼓勵正在餐飲道路上茁壯的學生。」

在了解過士晟的抒壓方式後，回到高餐時期，他仍然歷歷細數著許多事情。例如：他曾在廚藝競賽中，因未獲得預料中的名次，進而產生了憤怒與怨懟的情緒，這些經驗，隨著他開始教書以後，成爲最好的教學題材，士晟補充道：「以前在當學生的時候，對於比賽後所附加的情緒與想法，眞的多少都會成爲阻礙我前進的因素，但當我開始帶領學生外出比賽後，有時遇到失利或挫敗的情況，我也都會以自身的事例來與學生分享並且勉勵。在教學過程中，我也體悟到我只是在做自己該做的事情，例如花很多時間陪

小小的夢想，承載無限的料理想像

有時做菜，也是一種腦力激盪

伴學生。我時常告訴他們：『我之所以會花這麼多時間陪著你們，是因爲過去教導我的老師或師傅，也曾經如此費時費力地教導我們。』因此，當我成爲老師時，我也盡量用當時老師所教育我們的方式來經營自己的班級。」因爲傳承、分享，好的典範才得以延續下去。在士晟的補充裡，我們看到他曾經受過老師的扶持，如今他將這份精神繼續發揮在自己的教學上，除了期許自己的學生往後也能承續，主要是希望將好的理念繼續作用在更多對餐飲懷抱熱情的莘莘學子身上。

走向專業面的孤獨與繁華

我們看到士晟在高餐所習得的一切，最後都能忠實地發揮在不同的領域上，無論是研究或教書，甚至創業，他依然秉持著高餐賦予他的核心精神價值，他認爲：「我還是想再說一次，高餐的資源眞的很多，主要是看你能拿走多少。我一直認爲自己從高餐拿走了一份『對餐飲的眞實想像』，透過這份眞實的想像，讓我在比賽或教書、創業，能基於這份踏實的想像來奠定我有這些能力的展現。就像在我創業時，一

端上桌的，只希望有無限的驚喜

開始並沒有太多可運用的預算，因此碰到許多事情時，我都會親自去做做看，在嘗試的過程中，因爲明白自己創業的狀態，所以我不會過度埋怨資源不足的情況，甚至在我執行的當下，每當感到無力，我都會換個角度思考：這些付出可以讓我學到廚藝之外不同的技術。」在開店以前，遇到任何事情時，多少都會有一種交給專業來負責的想法，但從士晟的分享中，我們看到自己嘗試去做過的事，除了能打破原先認知的框架外，也能學習到找出問題產生的原因及其解決的方式。

而在談到士晟的創業之路以前，我們從他的家人身上，看到了他之所以能安然地全心投注在餐飲這條路上，主要是來自家人給了他非常大的自由。對此士晟也坦言：「當我毅然選擇以無菜單的料理方式創業後，我的家人幾乎不曾給過我壓力，學校的老師也一直給予我實際的支持與鼓勵，但回到現實面，貿然創業的結果，會讓我在生活的維繫上，必須透過接洽餐飲活動和教書來負擔生活的諸多開銷，即便如此，我還是堅信著無菜單的料理是我想要去呈現的創業。我知道有很多非餐飲本科的創業家，他們一樣可以做得很成功，原因在於他們的創業方式是以大眾化的料理

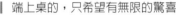

曾經就是想這樣不斷地創作著

爲主。我一直認爲因爲我們受過不同的專業訓練，在創業的表現上，我們可以有更不一樣的選擇，因爲我們有這方面的技術支撐著。」從創業的本質來看，大眾化料理的表現方式，以及獨具個人思想的料理，這兩者是基於兩種不同的出發點。然而士晟也知道，如果自己選擇以大眾化的料理來創業，他必然能做出一張很棒的成績單，但這就不符合他原先想創業的初衷。他一直認爲，在創業上，有許多事情是因爲大家都沒有在做，而讓人以爲這是不能執行的事。他說：「如果別人看到我們以這種方式來創業，或許會心生起想要跟隨的意願，但因爲我們的方式是屬於創作型的料理，必須要有對食材的高度敏銳度，並且具備專業的技術，才有辦法執行這項挑戰。我也一直認爲，我所創業的無菜單料理餐廳，它並不是餐廳，而是我們可以自由發揮的廚藝工作室。」或許從商業角度來看，士晟的創業理念會讓人感到不切實際，但若選擇以常態性的商業手法來進行創業，這又不符合士晟原先所設想的創業模式。因此，這其中的價值，肯定有極高的落差，在部分人眼中，他是瘋狂認真的廚師；而在另一部分人眼中，他則是不懂創業的廚師。

回到料理的根本來說，如果士晟所堅持的這件事

歡迎進入沒有極限的料理感受

情是對的，那爲何不能去做呢？如果只是因爲很辛苦而不去執行，那夢想又如何在現實中實現呢？士晟認爲一切值不值得，並不是全然由別人說的算，而是反觀到自己內心，眞正想訴求的理想是什麼樣子。士晟告訴我們：「當我很密集地去進行所謂創業這件事情時，其實我沒有多餘的空間再去創作與變化。從創業一直到現在，很多東西都會在取捨之間漸漸犧牲掉，很多的拿捏也會一直隨著生意的狀況而調整，但唯一不改變的，是我希望能夠維持這份可以持續創作的狀態，這些年的調整下來，我們採取預約的方式，就是確保我們可以有自己創作的時間，這部分也是延續我們創業的動力。因爲在最初創業的定位上，本來就已經與商業大眾化的形式背道而馳，因此在了解整體的運作模式後，成就感的來源，就是在料理上得到更大的突破與進步。」因爲出發點早已不同的關係，士晟沒有再去進行所謂商業性的發展，他知道自己創業的目的，就是在持續創作料理的過程中，還有一個平臺可以進行分享。這樣的使命與理念，讓他不斷地更新自己的料理視野，從大家都在講的國際化來看，他確實落實了這項宗旨。除了了解音樂與藝術如何營造一個更好的用餐空間外，他也透過網路找到許多國外的

料理的溫度，有時迷得人心醉

特色食譜。他說：「如果運用這些不同的方式，可以幫助我們提升整體的餐飲層次，那我就會持續去做。有許多客人在品嘗我們的餐點後，皆異口同聲地鼓勵我們將甜點的部分再獨立出來，因此，我們有了伴手禮的想法，也可以隨著產季的不同而推出不一樣的商品，甚至這也成了我們決定以甜點的方式來延續簡單廚坊的再次轉型，但唯一不變的訴求是，我們在食材的理念上，只堅持用更天然的原物料來製作。」從飲食這件事情看來，士晟選擇以簡單的原料來作爲出發點，他認爲吃飯就是一件很簡單的事情，因爲吃到好的東西，而有好的心情，除了在滿足身體的基本需求之外，同時也滿足了心中對美食的想像，這就是他所想要呈現，廚師帶給人們享受食物的簡單美好。

回到彈性十足的熱忱

在談到簡單廚坊以甜點作爲轉型之前，「創業」這個想法，原先其實並不存在於士晟的計畫中。他笑著說：「創業原先不是我這個階段會想要去做的事，很多人都沒料到我會創業。起初，我也認爲創業應當是在我退休後才會去執行的計畫，但也許就是因爲一

只是想用最好的食材，做出簡單的感動

時的衝動，才讓我毅然決然去創業，而且我也發現唯有透過創業，在自己變成老闆的時候，我才可以大膽去嘗試自己想冒險嘗試的事，甚至對於成本的消耗，我也可以不用顧慮太多。」還沒創業以前，在別人的工作環境中，就必須遵守規則，因爲那是別人的舞臺，當決定打造自己專屬的舞臺時；除了不用再墨守那些規則之外，也讓自己有一個可以發揮創作的空間。士晟說：「在別人的環境下工作，縱然有心，有時候理念沒有一致時，就容易產生彈性熱情疲乏的狀態。那時就會清楚感受到：『環境，眞的會拖垮對料理的堅持與熱忱。』甚至很多人也會因爲現實的考量，而將餐飲的表現變得大眾化，這沒有對錯，只是選擇的不同，產生的結果也不一樣。因此當我以無菜單的料理創業時，希望大家都有這樣的一個空間，可以恣意地發揮。」

選擇回到一個更有彈性的工作環境後，士晟也隨之改變自己的料理表現方式，從無菜單料理到甜點，這個形式的轉換，讓他有了心境的轉換。他補充說：「第二間以甜點爲主的簡單廚坊，它其實給了我們一個可以思考與醞釀下一個計畫形成之前的空間。對我來說，創業之後的每一年，我都會累積許多想法與問

細數餐飲道路上，這麼多歲月的點滴

題，但卻找不到一個可以改變或更新的時機，因此當第一間簡單廚坊的租約到期後，我也剛好可以趁著這個契機來調整與修正，因爲必須要重新整頓後，才能再次運行得更順暢。」在創業的角度上，士晟依然秉持著自己對於理念的落實是否完整，在第二間以甜點爲主的簡單廚坊中，士晟有了更多創作與精進自己的空間，透過手邊既有的食材，以及親朋好友陸續寄來的食材，他能夠進行一次次靈感的迸發與結合。雖然從商業的角度經營看，這依然是相當冒險的方式，但對身爲熱愛創作與挑戰料理的廚師而言，卻是再好而不過的呈現。士晟說：「很多靈感並不是天馬行空的想像，它是有理論與實際面支撐住的根據，只不過在執行上，因爲挑戰比較高，讓大家以爲這只是空想。每當拿到食材時，我會隨著它給我的感受來進行最直接的發揮，在發揮的過程中，再加入我過去所學的專業去進行變化。我常常會靈感一來就即興發揮，從使用國外最好的鹽，到選擇用臺灣非常在地的油，以及沒有漂白的麵粉，這些組合讓料理眞的沒有國界之分，甚至也不用區分什麼在地與國際，在料理上，只要它們能結合出更好的呈現，那就是最佳的料理。」透過士晟的這一段話，我們似乎更能體會到他的創意

簡單，是我終身持續奉行的概念

背後，是源源不絕的靈感所在，因爲沒有料理國界的畫地自限，料理的視野也更加遼闊。從高餐時期到自己創業的這一段辛苦卻踏實的路上，士晟笑說：「有時和高餐老師聊天時，他們都會叫我不要活得這麼累，當老師在噓寒問暖中還提醒我不要這麼緊繃，表示我給別人的形象，好像就是這麼壓抑，但我若不這樣做，很難達到自己設定的盡力程度。」在聽完士晟這段話後，我們也更加認同了先前校友們，對士晟所留下的「瘋狂認眞的廚人」的評價。因爲想要忠實地扮演好廚師的角色，他不怕辛苦，即使未來的道路依然挑戰無限，士晟也可以在創作料理的成就之下，緩和這些現實的壓力。我們希望透過這個瘋狂又認眞的生命故事，能夠啓發與激勵同樣對料理創作有極高嚮往的學弟妹。

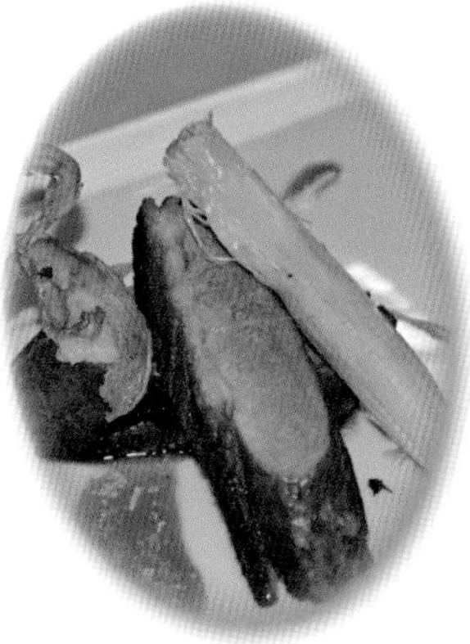

法布甜

AR's Patisserie

08

臺中

法布甜伴手禮專賣店

完美食客・24個夢想的初綻時刻

手作　浸釀　上菜

旅行，走一段美食的味道

在臺中，淑卿的法布甜置身在人車洶湧的市區大道上。入夜的街景，在百色繁目的商店招牌陳列下，獨獨法布甜的色調，與整個向晚的背景襯搭最適宜。光是站在外頭，即有佇立在法國點心房櫥窗前的錯覺，從招牌到店設空間，整體看來一脈連貫，又給人一份精緻不貴的溫暖。一句「歡迎光臨法布甜！」享有伴手禮界甜姐兒稱號的淑卿，以她最溫暖的問候，開始這次的採訪。

淑卿在高中時期是以技藝優良的甄選方式進入高餐，她說：「我是臺中人，高中讀的就是餐飲科，因此我非常清楚自己的第一志願就是高餐，且非高餐不念！但高餐確實是不容易考進去的學校，我當時已經有即使重考，也非得考進去的決心！」從臺中到高雄，再從二專到二技，淑卿的高餐之路走得踏實也豐富，回顧大學四年生涯，淑卿幾乎是處在半工半讀的狀態。尤其在二技之後，她將許多時間投注在工作上，除了兼顧學業之外，她透過工作的鍛鍊，獲得有別於課堂間不同的經歷。

餐　　廳：法布甜伴手禮專賣店（臺中市西屯區大墩路979號）

校　　友：張淑卿（93學年度二專餐飲管理科／95學年度二技烘焙管理系）

橘子色的幸福空間

從高餐畢業後，淑卿受到高餐海外參訪的刺激，開始有了出國學習的想法。她說：「最初我是選擇澳洲，後來又去英國，都是透過打工度假的方式來學習，不過較特別的是在英國這一年，因爲我從事外場的工作，擔任服務端的最前線，在與客人互動的過程中，我發現他們通常在客人還沒想到之前，先替客人想到，再透過體驗式的服務，很自然地將客人當成家人、朋友，然後分享食物，我感受到服務方式的差異，有別於臺灣的服務理念。以歐洲來說，它是著重在餐飲服務，以維持整個餐點的水準。」從淑卿的文化分析中得知，高餐給了她專業餐飲人的應用能力，使她在外國餐飲服務上顯得更得心應手。在澳洲與英國各自獲得一段寶貴經歷後，她決定前往瑞士念書，瑞士的學校以師徒制、一對一的教育方式，開啓了不同的學習模式。她深刻體會說：「瑞士跟德國很像，他們的學習目的都是偏向實務派，這或許與他們各自的民族性有著密不可分的關係，所以在學習的過程中，我從中得到非常務實的觀念，而且瑞士給我最大的震撼是完全沒有侷限性，這表示我們可以在創意發揮上，保留許多空間。等再去實習的時候，我就明白學校當初爲何要教這些管理知識，因爲業界就是需要這些能力。」透過淑卿的分享讓我們明白出國留學的意義就是「大量吸收知識與累積特別經歷」，讓這些多元的能力，應用在自己的餐飲生涯，產生一種不斷加乘的效果。

回顧淑卿從高餐三明治的教學到瑞士實務型教學，兩種不同的學習方式讓她整合出一套更強大的專業。她說：「在瑞士讀研究所時，因爲我的同學大多已經是飯店的主管，因此我們在一起面對舉凡服務、

每一個祝福，都藏在裡頭

紮實的美味，留住一份感動

管理、理念的問題，首先大家都會先提出自己處理過的方式，再從中去找到更適合的解決辦法。在研究所的學習中，這是非常難能可貴的互動，我很珍惜且樂在其中！」在瑞士讀完研究所的淑卿，又前往法國廚藝學院，在法國學習的這一段過程，淑卿也克服了心中的懼怕，完成自我突破。她表示：「我在高餐選的是烘焙管理，幾乎不會遇到需要親手宰殺生物的時候。但到了法國學廚藝時，竟要面對殺野兔的課程，這讓我調適很久。所有課程結束後，我歸結法國訓練廚師的理念就是『食物的原味』，不需要太多的添加物，透過天然食材來呈現食物原始的樣子。」在這段峰迴曲折的旅程中，最初第一步付出的努力，最後也都在抵達終點時，一併回歸到淑卿的身上。從這些收穫中，也再次擴展她的廚藝領域。透過淑卿的每個壯旅，讓我們看到法布甜背後的創意與支柱，或許正來自她旅行中，一段又一段艱辛卻也閃耀的記憶。

一道橘子色的黎明

回到我們每個人的一生裡，眼睛是我們與世界互動的窗口，當我們站在窗前，世界只是當下的一個縮

溫暖的禮盒，傳遞溫暖的心意

影。然而，認識世界的方式有許多種，旅行是其中最踏實的一種方式，它也可作爲現代人重新儲備能量的另類沉澱方式，而當我們走過多少憾動人心的旅途時，這些鮮明的記憶終究會伴隨時間漸漸蒙上一層歲月的塵埃，直到我們記不清楚往事。從淑卿的創業路上，我們看見她把旅行中刻骨的感動，轉化成富有故事性的題材，每當她在創業中實踐這些創意時，就好像再一次重溫那份記憶中的感動。創業，無疑是讓這些感動，成了她旅行之中，最值得分享的紀念品。

在談及創業之前，我們問了淑卿一個簡單的問題：「何時開始萌生起創業的想法？」「其實這要從大三說起，當時我正處在工作應接不暇的狀態上，因爲這些工作都深具挑戰性。像是百貨公司的電梯小姐，以及後來影響我較深的俱樂部工作，因爲場合不同，容易接觸到許多老闆級的人物，無形中累積了不少不同領域的人脈。畢業後，工作上的表現受到大家的青睞，但我卻逐漸發現自己少了一份熱情，好像沒有什麼冒險能讓我再次獲得成就感，於是有了創業的想法，只是那時候的想法也很普通，就是開一間下午茶店，當然最後在許多利潤評估考量下，都是以失敗收場。」開始創業的淑卿，起初的路並不是一帆風

橘子是給母親最美的記憶味道

順，從簡單的想法到不斷修改，其中留下最多的成分，無非是理性與實際。如今我們看到的法布甜，是她在創業路上，相當後期的成熟展現。

對此，我們好奇地問：「法布甜大概是第幾個階段才產生的想法？」淑卿提高分貝笑著：「起碼已經是轉十個彎以後才找到的概念！那時候眞的很辛苦。」累積的經驗成了她最終得以成功開創法布甜的關鍵。「有了成熟的創業想法，一切便有如順水推舟似的進展迅速？」淑卿搖了頭：「我必須說我很幸運的是，我不用煩惱創業時最需要的資金問題，因爲我們有實際的金援支撐。但當我終於找到合適店面也租下來後，我卻不敢開店，整整兩年的時間，我一直在鐵捲門背後研發產品，我意識到產品線不夠完備，也反覆修正不下百餘次。在這之間我明白必須將自己歸零，透過不斷詢問廠商、技師，最後出爐的，才是眼前這些商品。」有了成熟的創業理念，卻沉寂了兩年的時間。從產品定位到研發商品，淑卿知道一旦拉起鐵門，喊出歡迎光臨之後，就是做足了準備要呈現最好，或許這樣的想法，是從高餐時期養成的一份使命感。她說：「因爲我讀的是餐飲科的第一志願，因此呈現的質感就要跟別人不一樣，這樣的認知讓我不會

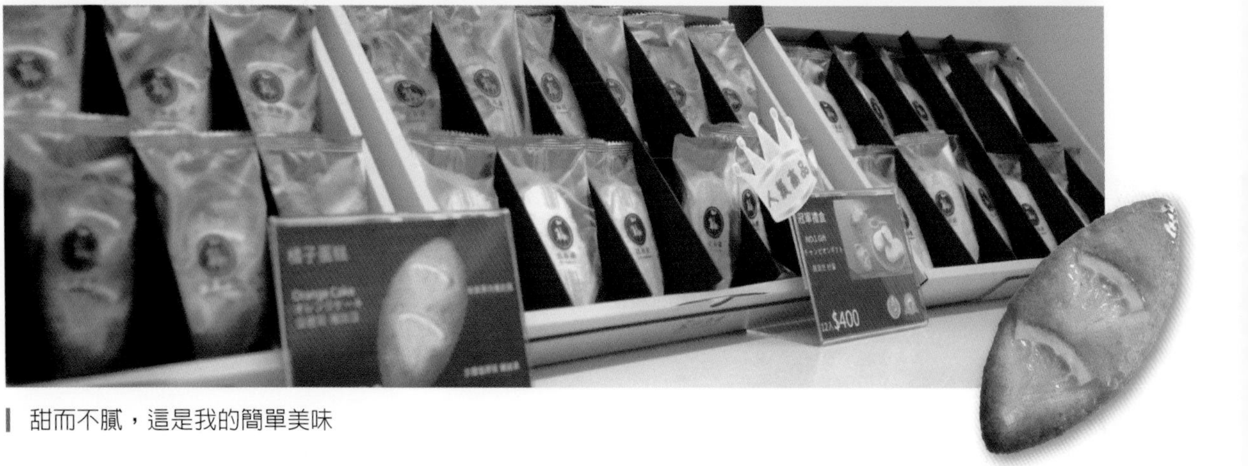

甜而不膩，這是我的簡單美味

認輸，只會時時刻刻鞭策自己。在二技實習時，我選擇了亞都麗緻大飯店，當時有許多同期的實習生，但我比任何人花更多工夫，比別人早上班，因爲我了解我們頂著高餐的招牌努力，不管多麼辛苦都是心甘情願。」

正式創店之後的淑卿，時常懷著一個認知「要享受且珍惜每一次與客人互動的過程。」若我們將每個「歡迎光臨」，都當作一種分享與寄託，透過簡單的介紹，讓產品能立刻清晰烙印在客人的印象中，這不就是最恆久的行銷？或許在餐飲界中，可透過意見回饋單了解到顧客的意見反饋，但在伴手禮界中，商品屬於立即性的買賣，結果往往都是在試吃之後得到答案。因此把握住每個客人的體驗，就是展現最踏實的宣傳。在經營管理上，淑卿也分享自己在高餐學到的一個很重要的理念，就是「發自內心」。唯有從自己的心意完全認同下，所有的事情才沒有困難或容易的區分，不斷的從跌倒中鍛鍊自己的意志，最後得到的是超越原本目標的價值。她說：「創店之後，我很在乎的是整個團隊的表現水準，而不是自己創造奇蹟，散發光環而已。我常常教育員工，只要我們認同自己的選擇，那過程就是自然而積極的展現，也不用刻意

凱旋歸來的一種分享

去逼迫，因爲認同的關係，很多抗拒的心態就會被排除。透過高餐給了我這個理念，一直到創業，都讓我受用無窮。」沉積兩年的耕耘，直到黎明來臨才逐漸重現光明。這一切的付出，辛苦到連淑卿回想起也直呼不可思議的沉重，她補充說：「因爲比別人幸運，所以要更加珍惜且不斷充實自己的專業技能，像是食品添加物、食品配方的知識。」走出學校的淑卿，沒有停止學習，反倒透過積極學習來克服創業的疑難雜症，從店裡的每件擺設和設計，所有巧思都是以她的構想爲底本；日出又日落，橘子色的招牌仍閃著它的光芒，如同淑卿依舊不懈努力突破，來延續這份暖熱。

臺中與法國的美味關係

開第二分店後，面臨的考驗也變得更複雜。在不同經營模式的轉換中，她認爲「穩定」會是最好的品牌投資。因此她決定將步伐放慢，且不時回顧在接觸餐飲後所走過的每段旅程，從高餐出發，行經澳洲，抵達英國，最後在法國作爲回歸的驛站。

在這些歲月當中所累積的經驗，也成了淑卿最踏

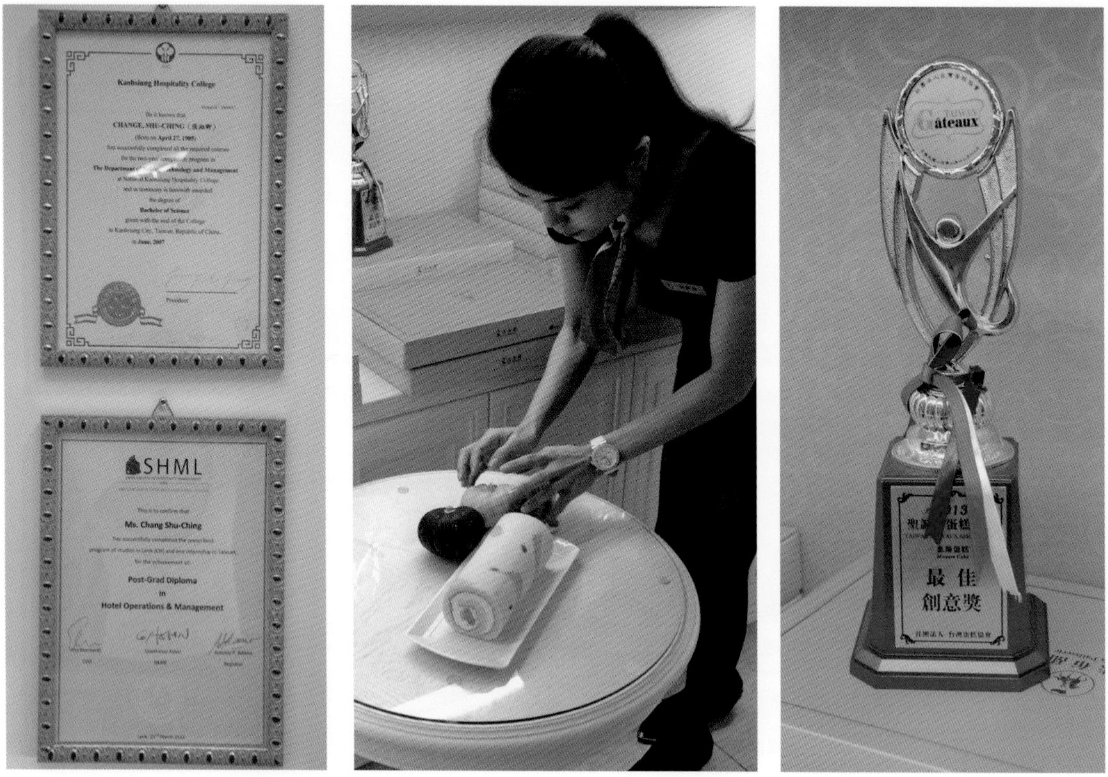

曾經努力的汗水，都變成閃耀的恆星

實的知識庫。她坦言：「我們的商品是中西合併的創意，例如馬卡龍鳳梨酥，它有多重文化的味道結合，這有時候是一種刺激，同時也是種衝擊。對於消費者能否接受這樣的口感，我們只能堅持住品質，透過更好的質感呈現，讓客人逐漸擺脫法國甜點就是又貴又甜的刻板印象，我希望透過我的創意改造，能結合養生、健康的元素，重新引起消費者的注意。」中西混合的商品，藏著多重味覺的作用。以這樣的出發點來看，混合的產品承襲了許多優點，但也可能出現「單一經典比較好」的聲音，爲了吸引更多消費者的青睞與認同，淑卿更投入於創新研發。從法式甜點帶給人的刻板印象下，加入了新的健康成分，進而讓更多人體會到原來享受甜點也能降低身體的負擔。在了解淑卿透過研發所得到的產品概念之後，我們很好奇她如何尋找靈感，她笑說：「就是不斷上網看別人怎麼做，時常上網瀏覽及吸收新知，並時常關注日本和法國的甜點店，鎖定它們的資訊活動，這些都可作爲我的發想來源。」

在擁有愈來愈多的關注之後，每個步伐就更加謹愼與堅定，從淑卿的笑容中，始終懷有一份溫柔的堅強。在創始店與分店同時成長的過程中她思考著公司

感謝團隊繼續生產這些幸福滋味

所面臨的潛在問題。例如：爲何會造成員工離職率這麼高？在制度的標準化中，我們是否允許員工犯錯？這樣的拿捏會不會太緊繃？每天早上醒來一睜開眼的淑卿，即展開她腦筋急轉彎的一天。她坦言：「我是公司的領導人，如今看著自己的心血好不容易有了這一點點的成果，我只能更小心維護。創業之後，每天都是挑戰，但克服挑戰後的收穫，品牌會更加穩定。雖然在行銷上仍有許多進步空間，像是要如何立即抓住客人的目光，該用怎樣的宣傳詞來增加客人的購買意願？諸多問題讓我徬徨，卻還是要克服！」曾有一句話這樣形容創業這件事：「創業是人生中最瘋狂的事情。」從淑卿的經驗分享中得知，每個創業家都具有最瘋狂無畏的冒險靈魂。從品牌的提升與穩定，甚至擴大，在創業路上都變成無止盡往上的階梯。當有了創業的想法時，從開店前的裝潢到商品定位、保存方法、產品線的成熟等等，眾多的學問都是走出學校之後的另一門課程；開店之後，經驗雖是最踏實的依靠，卻不是穩定不變的定律，但淑卿並未感到害怕，反而在創業中，感受到眞實的熱情與成就，持續豐富自己的人生。

從法國漂洋來臺的美味

典型，高餐人的恆星

在訪談中的幾個片段裡，看到有關高餐與淑卿的互動，故事的背後，我們看到她傳承了一份專屬高餐人的精神，那就是「不認輸」的堅定意志。這份意志持續推波著她不斷精進與高標準的展現。從大學剛畢業就直接升任領班的能力，即可看出她在求學及實習中累積不少工作經驗。她也說：「高餐一畢業，我就直接升任領班，當時受到一些同事的公然質疑，但我並沒有積極去反駁，反而直接從工作表現上得到認同，來當作最好的證明。」從高中即代表學校外出比賽的淑卿，已養成用高標準的方式鞭策自己。在這過程中，她感受到榮譽感及優越感是一種壓力，但在她巧妙地運用下，卻轉換成一種適當的壓力，同時強化著她的人格特質。她說：「我在實習時，已經養成出缺勤的重要性，以及技術的提升是透過更多學習來累積。但我會這麼拚命，就是不想被別人質疑或瞧不起，所以我必須用更高的標準要求自己。」

當我們無法預知挑戰時，最嚴謹的防禦就是不斷強化自己的能力。從學生時期，我們透過工讀、實習，提前體驗這份進入職場後的眞實情況；從中去修

總是有說不完的酸甜苦澀

正自己的弱點，強化自己的優勢。從淑卿過去的經驗來說，她很清楚自己透過不斷努力來達成目標。例如：技術要增進，就是要不斷的去請教師傅，再不斷練習；專業知識要增進，就是不斷找書來補充知識空缺；想要累積自信，就是參與無數比賽來得到自我肯定的辦法。淑卿執行的方式都是相當基本的，卻也是辛苦難耐的修行。她說：「我想要給高餐的學弟妹幾個由衷的建議，大家都是以高餐學歷出去打拚奮鬥。我想說的是，如果你已經下定決心，就義無反顧地勇往直前吧！不要因爲小小的因素、挫折就中止這個好不容易耕耘起來的努力。自己做的決定，就要執行到底勇敢面對，而不能一意孤行。」

從淑卿自身的分享中得知，即使她從高中時期開始半工半讀，但她一直知道「不是提早接觸工作，就是比別人認知的還多。」她坦言以前犯錯被責罵時，也是會難過哭泣，但不是哭完就沒事，她會去追究爲何被罵的原因，然後記取經驗修正自己。直到後來出國留學，也曾遭遇過因爲種族不同的關係，而受到外國客人歧視。她是如何面對的，就是透過不斷修正，讓自己一站上服務的前線，就要呈現最專業的樣子。淑卿說：「使我們內心強大的關鍵，往往不是能力，

歡迎光臨我的夢想

而是心態，心態正確了，不管遇到任何挫敗都能迎刃而解。」淑卿坦承自己欠缺的專業與知識還有很多，但心態正確了，執行任何事情就好似順水推舟。創業的路總是充滿冒險與荊棘，但每個收穫卻都是踏實回歸到自己的付出之中。

訪談至此，望向外頭的街道，在少了車水馬龍的喧嘩，再回想一遍淑卿的餐飲心路歷程，更使人格外陶醉。在淑卿啜起一口茶的同時，她一邊說著：「從開始想創業到現在，自己的夢想也逐漸變成較成熟的理想，這其中很大的落差，是因爲受到經濟上的限制，舉凡成本、耗損、人事、行銷等的執行，都需要仰賴資本。雖然我們的商品常常被說好貴，但在原物料掌控的堅持下，這是不能妥協的。因此要如何讓客人知道自己的產品是堅持高品質，要從教育消費者的認知上去改變。這樣的努力，也讓不少大陸的廠商想買我們的品牌，我很感謝他們的青睞，但最後都婉拒了，因爲我還是要堅持自己想要的東西，或許這樣的路才走得踏實且安穩。」從高中一路歷險而來，淑卿的夢想以更踏實的理想得以延續。她以自身烘焙的專業作爲執行力，再以自身的工作經驗與海外遊歷作爲實踐力，兩者的融合，產生過程有多少次的修改，就

帶走一份祝福，延續伴手的溫暖

有多少的日夜的過去。最後，以兩年的時間作爲一個修練的習成，一道橘子色的曙光也終降落在臺中街道。雖然淑卿依然笑著說自己相當幸運，但從一家店的籌備到正式開張，兩年的準備，也幾近是超越別人創業的前置時間，只因爲她認同高餐給她的高標準，因此才意識到自己要做足了才開始表現。從她堅定且自信的神采中，我們都知道這段跨國的美味關係，會持續發酵在每個人的味蕾之中。

09

臺中

檸檬洋菓子

賞味食客・24種夢想的美之鑑賞

手作　浸釀　上菜

美味背後的冰火修行

從高中就選擇餐飲科的倚嘉，除了時常代表學校外出比賽，她同時也是一名餐飲科中餐組的選手，她以這樣的條件用推甄的方式進入到高餐中廚系。她說：「高中念餐飲時，我就以高餐爲第一志願，因爲它算是臺灣現階段在餐飲科系上，師資與設備都相當完整的大學。」秉持這個信念的倚嘉，在高中三年的基礎訓練下，她不僅當上選手，也有了實際比賽的經驗，這一項項的累積，都在進入高餐後運用在每一堂課程的規定中。因此，不論面臨怎樣進階的挑戰與規定，她始終會將心中那一份想考進高餐的強烈初衷，再好好地凝聚一次。從她的描述中，也讓我們明白她心目中所認定的餐飲態度，就是「服從」。舉凡從在校時期的制服、清潔、環境維護等訓練，她認爲這些都是身爲高餐人所必須養成的認知。

然而，一談到令人懷念的大學時期，倚嘉羞怯地笑著說：「一開始進入高餐，在初步的適應上並不難。因爲我認同學校，所以心裡自然容易遵守學校的任何作法。甚至有時候回想當初抱怨的那些事情，現在都只會覺

餐　　廳：檸檬洋菓子

（臺中市西區康樂街19巷22號）

校　　友：張倚嘉（97學年度四技中餐廚藝系）

巷弄最寧靜的美味預告

得特別有趣！在課程的安排上，我發覺又跟高中所訓練的方式全然不同，像是有一堂認識食材的課程，我到現在都還深刻地記得，因爲老師會直接帶領我們去市場認識每一種食材。大二那年，我擔任系學會的美術宣傳一職，那時的我幾乎都在跑活動，像是系上的年度重點『中廚週』，我們就會在學校各處擺攤，除了販售我們自己製作的商品外，也是爲了讓更多外系的同學能藉此認識中廚系。」倚嘉在進入高餐之後，從最初的適應到開始參與各項活動，這一路的發展看似順遂也充實，但其中卻有一段令她相當深刻的挫折。她表示：「大二時，有個很難得的機會前往上海參加比賽，那次比的是展臺，我們就把作品拿去現場擺設。剛好比賽中遇到臺灣評審，因此在成績還沒公布以前，老師就聽到風聲說我獲得銀牌。那時我相當興奮也很放鬆地等待領獎，當正式頒獎念到銀牌時，聽到的卻不是我的名字，事後老師一直向我致歉，原因在於其他評審認爲我的作品不屬於中式點心，雖然當下的我難免會失望，卻也從中得到另類的比賽經驗。」透過這場比賽的啓發，倚嘉也意識到自己必須加倍磨練。例如：在創意發想的執行上，扣緊題目的主旨是必須加強的練習。比賽除了得到實質的獎勵外，「刺激性的成長」是另一種無形的反饋，它會提高自我內心承受極限的門檻。當然，提升能力的方法太多了，從倚嘉的經驗中，我們看見另一種解讀比賽的方式。

緊接來到大三實習，倚嘉最初的出發點就是前往飯店廚房工作。在這同時，有許多人都會將「實習」視爲是否繼續從事餐飲業的一項必經試煉。在倚嘉的實習生涯中，確實也開啓了她人生另一個轉捩點，一開始選在臺北的飯店實習，負責的部分是中式點心，在前四個月的適應與訓練下來，她發覺自己似乎無法融入廚房的環境與傳統老師傅的對話上，也無能建立起順遂的溝通管道。但不服輸的她，不願就此投降，

檸檬洋菓子就是倚嘉夢想誕生的舞臺

每道甜點都是倚嘉用心對待的幸福

她試圖加倍地付出與改進，甚至用盡所學知識想要做出改變，直到最後，她還是不得不認輸，因此在邁入實習第五個月的前夕，她有了想轉調至其他飯店的想法。最後，她選擇了台中亞緻大飯店作爲重新學習的起點，進入亞緻後，她在料理的接觸層面上，竟從中式點心轉變成西式點心。除了克服專業能力的銜接之外，她也明顯感受到廚房的環境有著巨大的差異，因爲中廚的料理多半會有蒸、炒、燙的部分，所處的環境較熱，但西點的製作，基本上都必須在溫度較低的空間下進行，光是由熱到冷的轉換，就讓倚嘉有了全新不同的體會。她表示：「進入西點房以後，所接觸到的師傅都比較年輕，而且他們很樂意教你一些私藏的祕訣。那時，我想到小時候的興趣，像其他小女生一樣喜歡做餅乾甜食。高中讀了餐飲又變成中廚組的選手後，其實在沒想太多的情況下就按照原先的路走上來，直到在西點房實習後，我才發現自己另一個興趣所在。」總結倚嘉的實習歷程，她雖多走了一段未曾預料的路，卻也從中發現另一條道路的里程碑，而且是她童年所曾嚮往的方向，如今的她，又走回到這個地方。

跟著檸檬香，一探巷弄的芳香

實習結束，即將面臨大四的倚嘉，她對於未來的展望，在尚未實習以前，其實並沒有太明確的計畫。但如今的她，選擇在大學最後一年，除了持續充實中廚的專業知識，也開始接觸烘焙相關的課程。高餐畢業後，她決定前往法式甜點店應徵，也積極地朝向自己的西點之路邁進！她笑著說：「當時畢業後，其實投了好幾家甜點店的履歷，後來很幸運地有了一個面試機會。在面試時，我一直分享過去學經歷的精彩回顧，像是比賽經驗、在飯店的西點房實習、還有畢業的海外參訪，很巧的是，老闆也曾去過法國留學。因此整個面試的過程非常愉快及順暢，後來我就順利錄取了。」倚嘉首份工作雖以西點爲志業，但從她勇敢無懼的神情下，我們看見她的自信與誠懇。開始工作後，她知道自己的專業領域並非以西點見長，因此她必須比其他人更用心學習，一方面補足自己欠缺的專業，另一方面也替未來先儲存創業的能量。

四年過去後，她想創業的決心愈來愈強烈，在反覆地思考下，她決定辭掉西點工作，轉而從事自己的糕點工作室。一開始倚嘉所經營的客人，多半以母親的學生開始推銷，因爲母親是一名花藝老師，教導的學生幾乎也都是長輩，因此倚嘉能依她們的喜好、需求來製作產品，透過客製化、無菜單的設計，讓倚嘉在短時間內進步得更迅速，在愈來愈上手後，倚嘉也開始有了尋找實體店面的想法。她表示：「當初我在工作時，就給自己大概三至五年的期限創業，下班後我也常常騎著摩托車在市區亂繞找地點，尤其在開了工作室，我更迫切地尋找地點。那時就剛好在巷子發現這間房子，一開始很多人會想說爲何選在巷子？但我們就真的純粹喜歡這棟房子，也覺得現在很多人都用網路去找店家，所以也不擔心客人不會上門。」

在沒有預想過多的情況下，檸檬洋菓子就誕生囉！開店的前半年，大概都處在我們所謂「新店蜜月期」的效益中，但半年之後，倚嘉漸漸感受到客人上門的次數愈來愈少。她說：「那時我才省思到『是不是真的不適合把店開在巷子裡？』但我又不敢花大錢去做行銷。正當我陷入焦慮時，我爸爸告訴我：『生意都有淡旺季，不如你趁這段空閒期，好好想一些新的經營方式，或者充實你覺得可以加強的技術。』後來我聽從爸爸的建議，開始充實我自己想做的事情，例如多看一些料理書，或者學習新的製作手法。果然，生意就逐漸有了起色！後來我們詢問上門的客人，才知道原來有美食部落客幫我們寫推薦文，只是我們全然不知有部落客曾拜訪過檸檬洋菓子。」因此，我們不如趁著空轉的時期，好好地將自己延宕許久的計畫完成，很多時候的狀態不好、運氣不佳，何不將它視爲又可以重新改變的一次機會，從倚嘉的分享中，客人的回流，並非純粹只有偶然，因爲她的永不氣餒，才讓這巷弄的美味，能在分享的力量下累積成口碑。

漸漸的，開店半年後的撞牆期，已變成一段穩定

歡迎推開美味的門

在美好的空間下，人是幸福的

的發展，甚至在滿一週年後，獲得報紙前來採訪。那一波的效應，確實引起了相當盛大的熱潮，隨後連捷運的免費報紙也有他們的報導，這一切看似提升且更穩定的狀態，倚嘉卻淡淡地說：「生意開始上來後，我們每天都忙碌得很踏實，只是當別人以爲我們收入開始跳躍式的倍增時，其實又不盡然。因爲在所有的開銷與獲利總結下來，我們每個月所支出的成本並沒有想像中的少。後來隨著客人變多，也發現店裡的座位數其實相當有限，即便以整天的運作算下來，也無法再成長多少，再加上我們開了二聯式發票，這代表著我們每年都有固定的支出要額外計算。」生意逐漸得到穩定發展後，倚嘉接下來要面臨的挑戰，是穩定之後的突破。在了解整體經營的模式下，她決定開發另一個產品，就是喜餅禮盒的部分，這無非是透過每日基本的營運後，再額外增加獲利的方法，必然也是每個創業者終會面臨的一堂課。

客製祝福的夢工廠

倚嘉從學生時期到創業後的許多表現，這些過程，總歸是一句酸甜苦澀也形容不盡的滋味，一直到

眼前都是最適合甜點的顏色

她的心血慢慢茁壯後，那些百味雜陳才得以轉換成回甘的感受。她告訴我們：「在我還沒實習以前，我完全不知該如何製作一份甜點，後來從中廚轉向西點時，其實內心難免都會有心虛的感覺，因爲我是從實習和工作後才開始學習，但邊學邊做的過程裡，始終令我覺得很不紮實。」從倚嘉的話中，我們感受到她言語背後，那一段需要補足的知識斷層，因爲片段式的訓練，始終容易讓人有不完整的認知差距。因此創業後的她，曾想過前往國外學習，或者有機會再回到高餐，充實關於烘焙理論的課程。她表示：「理論雖然是很基礎的概念，但開始接觸工作後，更需要理論的架構來支撐整個脈絡。畢竟自己從書本上能得到的東西有限，有時候當領悟無法再更上一層時，其實是需要再找方法充實。」從一開始對於創業並沒有太多想法的倚嘉，到開始工作後，身旁的同學也紛紛創業。「什麼時候輪到你開店？」這一句話一直縈繞在她腦海中，她認爲：「當初確定離開西點店，要經營個人工作室的時候，我就養成閱讀國外食譜與吃遍每個城市甜點店的習慣。即使後來生意忙碌，我也會持續看書，但拜訪甜點店可能就以臺中爲主。」

倚嘉回顧創業初期，雖有新店帶動下的短暫蜜月

每一個細節，我都放入了祝福

期，卻隨即沉入一段低潮，直到她開始轉換念頭，才把握住那段原先看似灰濛的日子，隨後客人在透過部落客的推薦引領下，又重新光臨檸檬洋菓子，對於這段經歷，在我們深感佩服之外，也相當好奇倚嘉是運用怎樣的方式與客人持續熱絡互動？她笑說：「可能是我在高餐時期，就已養成一份『服從』的意識吧。當時在高中雖有這樣的認知，但好像是進來高餐後，才更加凝聚強化，所以一路走來，我鮮少聽到別人對我的批評。或許是我將高餐賦予我的優越感，只投射在當我面臨挑戰較高的甜點時，它能讓我不至於感到退怯，但當我不再做甜點時，我不需要讓自己還保持這樣的狀態，因此我想從『服從』的思維下，更貼近客人的眞實想法。那種服從的關係也不是上對下，而是我將自己縮小，專注傾聽客人的意見。」從倚嘉的回答中，或許大家可以思考到「當我們去除個人鮮明的潛在主觀後，互換立場的另一種感受方式，也許才能貼近當事人的眞實表達，再從這份感受的啓發去感動更多消費者。」對此，倚嘉確實也不斷地執行這個方式。當優越感轉變成面對產品的自信時，那是一種具有魅力的價值，倚嘉善用這份力量，透過溫和的互動，讓產品都能承載起這股力量，進而傳送給每位消

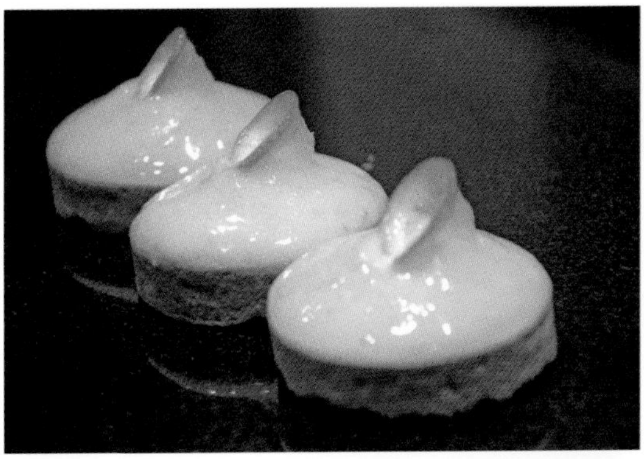

倚嘉拿手的招牌甜點都令人垂涎三尺

費者。

在分享了倚嘉與客人的維繫方式後，對於在採訪中，一直隱約出現的名詞「客製蛋糕」，我們有了想深入一探究竟的衝動。倚嘉也坦言：「客製蛋糕一直都是件勞心又勞力的任務，過程眞的相當辛苦，但每當完成後，那不斷湧現的成就感，會一整個安撫你先前所承受的苦勞。」當倚嘉的客製蛋糕漸漸得到迴響時，她卻發現自己好像做了一件「破壞行情」的事。

她表示：「一開始我其實在報價上，訂得稍低了些，這讓我後來逐漸了解這個市場的行情時，我反倒有些自我矛盾。萬一我調高了價格，熟客是否可以接受，新客人會不會願意消費，這些都成了我還是以原先定價爲考量的依據。」對於這個問題，倚嘉確實還在尋求更好方式的答案。在製作蛋糕的過程中，她也告訴大家：「我們遇到的客人都相當善良。」她也提到客製蛋糕的問題，大概是創業以來較複雜也持續發生的事情。例如：與客人的溝通要相當清楚，每個細節都不能模糊帶過，或者是配送時，產品保護措施要確實做到完整，這些都是她仍在克服與修正的功課。

不過她也表示：「創業後，客人的回饋，眞的是我們堅持下去的動力，每當我在進行客製蛋糕的事後追

看著漸漸成形的夢想，心很充實

蹤，我都能感受到客人相當滿意的反應。我仍然記得有位客人上門買了一個法國的甜點「國王派」，他嘗過以後非常的震驚！因爲我的甜點讓他回想到過去在法國學習的記憶。那一刻起，我突然覺得自己好像被賦予一份使命感，尤其我們每天都會有幾個生日蛋糕的訂單，自從那位客人給了我這樣的想法後，當我每次在做生日蛋糕時，內心都是充滿祝福的心情在製作，主要是希望收到蛋糕的人，也可以感受到我用心完成的這份祝福。」

烘焙下的中廚魂

在結束客製蛋糕的精彩感動後，回歸到餐飲的本質上，從倚嘉的中廚到西點，兩條看似相距甚遠的路程，在倚嘉的心中如此定義：「我覺得自己的中廚生涯與西點的路，其實沒有想像中那麼遙遠。以前在法式甜點店上班，同事都會覺得看我調味是一件很輕鬆簡單的事，後來只要工作的產品有關於鹹的部分，我都會自己主動去默默做這一塊。甚至做甜點調整火候時，我都能掌握得比同事更恰到好處，我想可能是我骨子底還是中廚魂吧！」綜合來說，當我們談到餐飲

最適合搭配甜點的空間

的形式時，其實它背後是潛藏許多展現的方式。雖然倚嘉學的是中廚，但中廚所賦予她的專業能力，依然持續在她工作或創業時得到施展。就像她店裡的商品，有些是以中餐的概念去進行創意發想，透過這些已養成的概念，讓她得以應用在自己的創業上。她也告訴大家：「我覺得研發是一件很辛苦的事情，但如果研發的產品是以鹹食爲構想，就會讓我覺得較能掌握，且不至於想破頭，例如後來店裡的法式鹹派也賣得相當不錯！」從倚嘉過去培養的專業來看，讓人相信只要我們持續付出在餐飲這生態上，總會產生意想不到的巧妙連結。

一直到現在，每當倚嘉關店回到家，她仍喜歡自己烹煮中式料理。她笑著說：「每次我在煮菜時，心裡都會浮現一張流程表，這大概是從我開始接觸中廚就養成的習慣。雖然以前在學校都是在分組討論下才產生流程，但我現在一個人就能掌握切菜的順序，還有時間的分配，在步驟上我又能同時做其他事。每次想到自己煮菜的過程，都還是有著相當熟悉且自在的感覺，那種感覺發酵在我心中的化學反應是快樂的，也是一種習慣性的複習。開始接觸西點後，烘焙的東西都比較需要精準，相較於中廚少了點揮霍的快

靜靜等候人們來領走的美味

勁。」從倚嘉的描述中，我們看見她因爲這兩種興趣，因而有了一次次很棒的化學反應，無論從生活到工作，還是工作到創業，自我心中那份不熄的中廚魂，再加上對西點的嚮往追隨，兩種感受都在不同階段各自發揮，如今又巧妙地結合在一起。其中無論激盪出怎樣的能量，始終不變的是對料理的用心與堅持。倚嘉也透露：「我曾在高中練習乙級料理時，因爲料理沒有精確地掌握，而導致失敗，那次的經驗除了被老師嚴厲地指責，也讓我學到對食材要更用心對待，還要格外謹慎地面對每一道料理。」這種態度一直到進入高餐中廚後，因爲能力的表現深受老師的肯定，每當老師舉辦宴會時，倚嘉也幾乎成了老師口袋名單裡的固定班底。

訪談到最後，我們針對創業所具備的研發能力這部分，提出了進階的探究。從倚嘉的學生到創業這段過程，她是如何培養這份能力？她認爲：「研發是創業中不斷要去進行的任務，畢竟很多靈感要從無到有是相當辛苦也難熬的過程。我在高餐時，透過參加比賽的經歷來累積自己心中獨特的創意，這些理念多半能在修改之後轉而變成自己的商品。在甜點店工作時，也參與類似研發商品的團隊比賽，透過不記名的

細數過去每個餐飲的回憶故事

投票方式，選出票數最高的商品，進而可能被執行。從這過程我也開始意識到，研發必然是創業不可或缺的必要能力，培養的方式有許多，像是我前面提過的看書、試吃別人的產品、出國感受不同的餐點呈現，只要找到你覺得可以不斷獲得靈感的方式，那就是最好的管道！」開始創業後，倚嘉也更積極地研發，除了了解各種食物的味道與特性之外，還要考慮到口感的搭配，讓客人在覺得好吃的前提下，還能得到額外的驚喜，那就是倚嘉最想達到的目標。從她的想法中，我們看到創業最大的進步來自不斷地更新，除了穩定經營的方式以及服務的品質，餐飲上的創新更是不能停滯的努力。即使可能會有想破頭的窘境，但只要還踏在創業這條路上，創意就是我們的精神食糧，它會帶給我們驚喜的力量好繼續闖蕩下去。

10-11

彰化 義利廚房＆尋鹿咖啡

食魂的昇華・24種夢想的上菜方式

手作　浸釀　上菜

躍上巨浪前的眺望臺

對於餐飲，西廚系、飲食所畢業的林煒展開頭即說了：「在我讀書時候，餐飲並不是熱門的科系，因此當我選念餐飲時，家人只對我說：『這是你自己選擇的，到時別念得高不成低不就。』我聽完這番話後，心中只是更加確定自己的志向無誤。」堅定選擇走上餐飲的煒展，食物對他而言，是一種無法抗拒的吸引力，誠如他的形容：「當我聽見鍋子的聲音與火的加熱產生一種化學變化時，那種感覺很棒！」

高職時期的煒展，廚藝的表現早已在代表學校外出比賽的過程中得到肯定；在學科上，他也維持著高水準的成績。在升上高二的某次比賽中，煒展一如往常發揮他從飯店師傅身上所學到的廚藝去應戰，那時候煒展的名次是第七名，但獎項只到頒到第六名，而且前六名都是高餐學生，他驚覺到自己與高餐學生的廚藝落差，在比賽過程中，他遇見一位高餐西廚系的老師，從老師展現的手藝上，他才體悟到自己其實渺小得像井底之蛙。再加上當時煒展的學長在畢業前考上高餐，看到

餐　　廳：義利廚房＆尋鹿咖啡
（彰化縣彰化市永安街474-476號）

校　　友：林煒展（96學年度四技西餐廚藝系/98學年度飲食所）
郭玟君（95學年度二技餐飲管理系/98學年度飲食所）

歡迎來到彰化最特別的兩個地方

學長如此欣喜的模樣，讓煒展興起了一個高餐夢，他想一窺高餐究竟是擁有怎樣的魅力。煒展隨即收起了玩樂的心，沉浸在衝刺課業的修行之中。他說：「我那時候眞的靜下心來念書，當我的同學還在偷騎機車或者玩當時最流行的線上遊戲時，我就是堅持要努力奮鬥拚過這段時期。」果不其然，煒展在升學考試上獲得高分！同時卻產生一個問題，因爲家人希望煒展能選讀科技大學而非學院的體制。煒展笑著說：「我那時很反骨，心裡早已立定第一志願就是要塡自己想念的學校，因此我將西餐廚藝系放在第一，然後在把家人期望我就讀的志願，排在後頭。我還告訴他們：『有啊，我有塡！』只是我沒告訴他們，我是倒著塡的。」

進入高餐的煒展，遇到高中在比賽時接觸過的老師，被老師指定當學生主廚及課堂的小老師，但煒展也坦承自己在求學過程中，實在沒有太完整的英文環境，因此英文的能力不是特別傑出。老師在課程中下任何指令時，講的都是原文（英文）的名稱，那學期的壓力相當大，時常保持在戰戰兢兢的狀態，但煒展始終不氣餒，反倒有了「該好好念書的決心」。他認爲在學習廚藝的過程中，如果沒有書本的知識來作爲

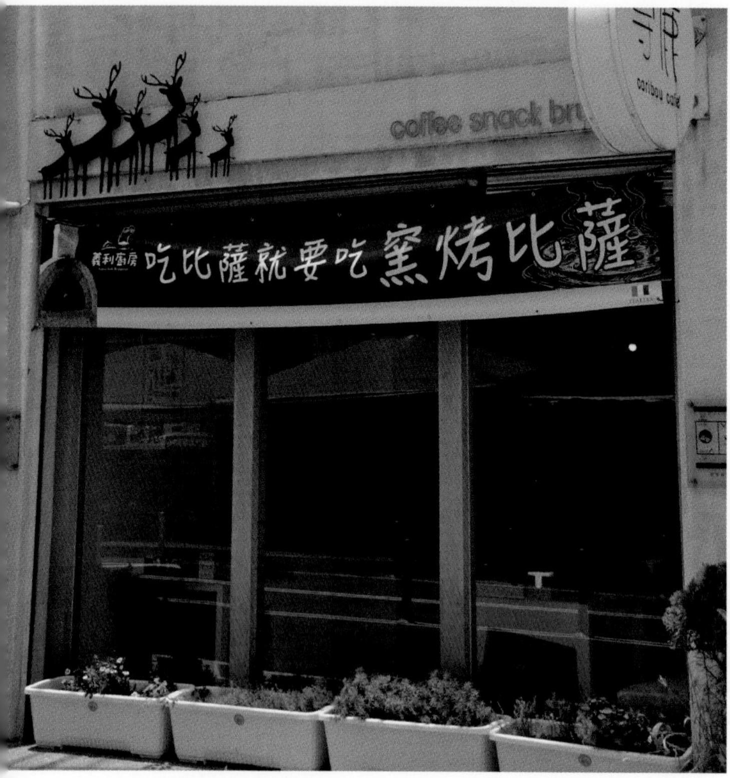

牽手一起回憶餐飲夢

理解專有名詞的基礎，那他也無法在指定的工作中，扮演傑出的角色。於是煒展開始學習看原文食譜，並了解外國人的作法爲何這樣去執行，也跳脫自己以往習慣記錄食譜的方法。他說：「以前不會想這樣去做，是因爲我還沒那份認知，但現在有了這個認知後，我就必須設法去搞懂！當時的行動裝置還沒有那麼先進，因此圖書館就是寶庫，我們可能會拿著畫像素很低的手機去偷拍這些菜肴書籍上的知識。如果知道這本書開放借閱時，大家就會爭先搶著去借，因爲可能藉由這本書，你在某個小比賽中，就能發揮得比別人更不一樣。」從煒展追求知識的分享中，我們能認知到「求知心不會因爲時代的不先進而削弱」，怎樣的時代都會有它相對應的考驗，即便是現今科技爆炸的數位時代，便利所帶來的快速卻也存在著它潛藏的危機。從煒展的這段時期看來，它就像基本功夫蹲馬步，唯有眞正踏實執行過，才會刻骨銘心留下等值的收穫。

回顧高餐四年的生涯，煒展認爲大一是挫折感最重的時期，或許是身兼學生主廚的重任使他不敢鬆懈，當時他一心只想將老師交辦的任務達成，同時透過大量的閱讀，增廣自己的視野。一直到大一下，煒

重新燃起中廚的熱情魂

展才有勇氣再參加高二時期遭遇挫敗的比賽，雖然自己的能力已大幅超越高二的狀態，但他要面臨的對手，是高餐的同學與學長。煒展很幸運地在比賽中獲得很好的成績，也稍微覺得自己是一個名副相實的高餐學生。他對此表示：「我是個不認輸的人，有時候連外系的老師，也都覺得我怎麼可以如此拚命，或許是因爲擔任兩年的學生主廚，煮了兩年的餐飯給同學吃，再加上我是西餐證照的小老師，我被老師指派要負責熬一整年的高湯。」透過這些經歷，煒展認知到，除了自己好之外，身旁的同學也要跟著好。因此像在團體吃飯時，他們有個不成文的規定，就是女生先吃，然後再幫煮飯的同學盛裝，最後才是坐著的人吃。這樣特別的方式，也是煒展久久難忘的事，讓煒展從高餐畢業之後，帶走了一份收放自如的能力。他說：「在餐飲的團隊中，其實有許多角色，例如有白工、領頭羊、跟隨者，在廚房就有主廚、副主廚、領班、副領班等的職位。我從高中即開始培養這樣的訓練，好讓我知道何時該強勢（霸氣），何時該表現出關懷（內斂），這些都是課本學不到的能力，但當你接觸許多環境後，自然就鍛鍊出的本事，若要堅持從事餐飲業，這點是非常重要的！」

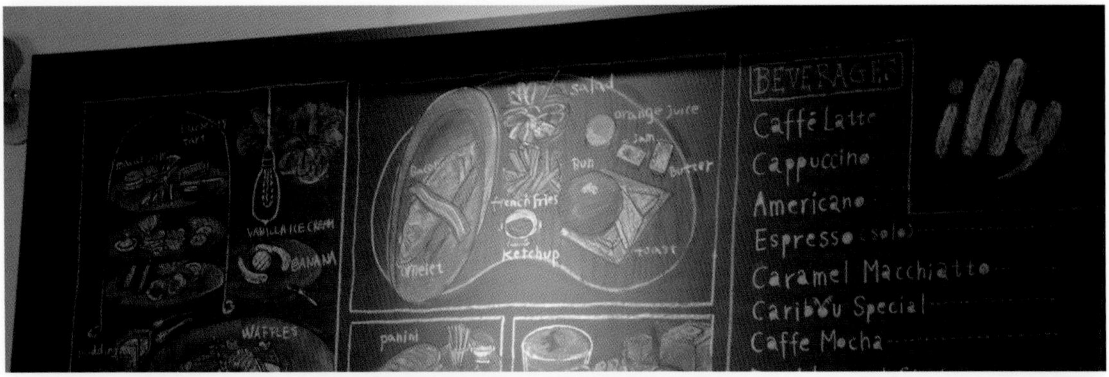

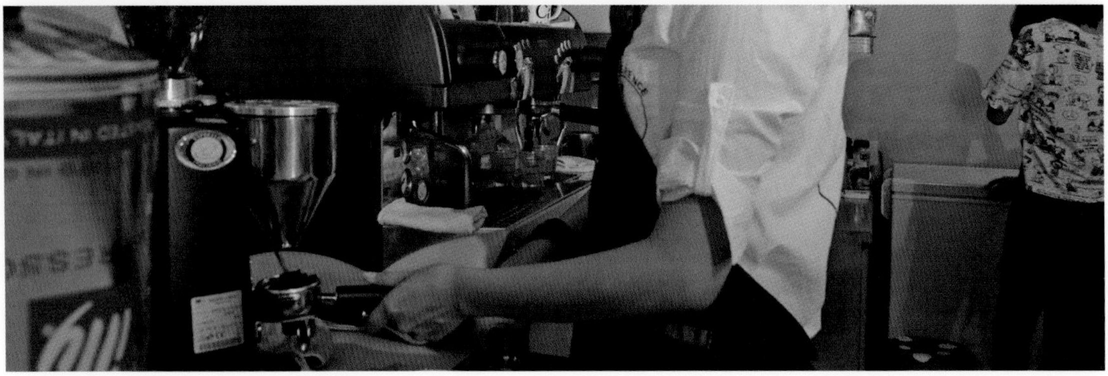

關於菜單，都是我們難忘的美味

大二以後的煒展，不再繼續兼任學生主廚的身分。他說：「畢竟也當了兩年，我似乎已看不到還有往上進步的可能，所以我想退下去，讓其他人也可以去學習如何勝任這個角色。那時候別人覺得我怎麼如此不在乎這光環，但我想要帶著整個班一起衝，而不落於一屆不如一屆的認知當中。」在一個班級中，有各式各樣的人才，全能的人或許能支撐較多的任務，但英雄不是只有一個。他認爲「當競爭對手往外時，我們才有進步，而不是在一個有限的團體內，強調自己能力很強大。」因此從高餐到創業，他一直保持著肯定、鼓勵、替團隊每個人設定目標爲出發點。

而眞正談到煒展在高餐受到最大的轉折，無非是這段比賽失意的走下坡時期。那時煒展前往香港參加一項廚藝競賽，卻毫無收穫，這是他第一次出去比賽而沒有拿獎回來，因此許多人都覺得他走下坡了。他說：「我一直都還記得當下失敗的那份挫折感，但我一直用詼諧的方式鼓勵著自己，後來我確實也沒有那麼在乎，眞正讓我覺得比賽根本也沒什麼，是我去參觀香港的飯店時，我順手做了一個動作，我去摸他們的桌腳跟桌背，驚覺到：『原來別人可以注意到如此細微的部分』那時我就知道比賽眞的只有一時。回來

夢想的溫度，暖和人們的身心

臺灣之後也就像沒發生什麼事情，反倒大三之後的我，才開始玩樂與放鬆。」一時的失利，卻意外開啓了煒展新的旅程，他不再過於重視比賽，反倒認爲「比賽只是檢視你從過去到現在累積的努力，是否足以應付這場挑戰。因此，把一切做好，應當是比賽前的事，到了比賽現場，我們要做的只是實踐自己已經準備好的事。」這個體會是煒展「走下坡」之後，另一個回歸踏實生活的收穫，說明了只要紮實地累積自己的能力，比賽眞的就只是忠實地呈現自己過去的累積而已。

堅持，讓價值有最好的歸屬

在經歷過比賽，也從西廚系、飲食所畢業的煒展，在取得教師資格後，原先計畫去學校任教，但因爲他有了家庭，當時煒展的妻子與妹妹，她們傾向於創業，也一直希望煒展與她們一起奮鬥。後來煒展以幫忙的心態，一同投入了義利廚房，兩年過去，一方面煒展意識到自己放不下這家店，另一方面，他們在彰化找不到心目中理想的咖啡館，於是在義利廚房之後決定自己開一間名爲「尋鹿咖啡」的咖啡館。後來

只是多一點巧思，生活就輕鬆許多

煒展也總算知道，爲何在彰化找不到這樣的咖啡館，因爲市場眞的不大，透過整個團隊的努力，如今「尋鹿咖啡」的名聲竟然比「義利廚房」還來得具有迴響與關注。

一談到創業的開始，煒展坦言：「我以前開店時只會看數字與報表，如果沒達到目標，我不免會苛責員工。直到我後來漸漸把自己的步調放慢，讓員工可以說話，我才感受到當在乎的事情不再如此急迫時，它才會漸漸有好的轉變。」這樣的想法是煒展從高餐所養成的，他認爲高餐是一個可以練功夫、練智慧，找人脈的地方，在創業過程中，煒展不斷以在高餐所累積的經驗作爲方針，因爲創業需要的是整個團隊。他說：「這麼多人跟著你吃、跟著你領薪水，我不能放棄，因爲我承擔著社會責任與自己的堅持。在創業時，遇到瓶頸是難免的，但最大的衝擊是團隊士氣薄弱，這是最可怕的。因爲外在的挑戰我們可以躲避，但內在的傷痕我們難以避免，因此我扮演起安撫團隊的角色，同時也在過程中重新設定目標。」從餐飲業的整體活動來看，它是一個持續「動」的產業，以煒展所提到的成功與挫敗爲例，它也確實是立即性的感受，因爲當下的成就與打擊，可能都是幾分鐘內就發

專注的眼神，是凝聚的熱情

生的事情，當煒展在面對兩家同時並立的事業時，他是如何做到平衡？在平衡之中，又該如何達到相輔相成的加乘作用。

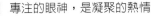

他說：「只有堅持！我想典型高餐人的個性，就是什麼都要用到最好，餐點最好、最無毒、最健康。創業應該是要一步一步來，但高餐人會將全部安排好了才開始經營，這或許就是我們有別於市場的模式吧！」當然在這過程當中，尤其是開始創業的時候，多半會受到很多的質疑，其中產生的問題，往往是業界與學校之間的落差；學校是以教育爲本的性質，本來就不能教導學生錯誤的事情，因此實習即是一個如何適應「社會職場學」的必經過程。回顧實習階段的煒展認爲：「高餐生有時候會想要去改變，但店家往往只要你執行而不需要改變，因此我們可能會被認爲不受控制，覺得我們不好用，但堅持很重要，這是你開始自己創業之後，一份很基礎也很強大的支柱。」

對於堅持，煒展曾有一段深刻的故事。他說：「二〇一三年，油電雙漲的時候，我有整整八個月的時間是一直反覆空轉的狀態，那個狀況眞的非常地慘！因爲堅持品質，所以我們只能跟著漲價，把價格反映在消費者身上。雖然很辛苦，但這也是篩選客

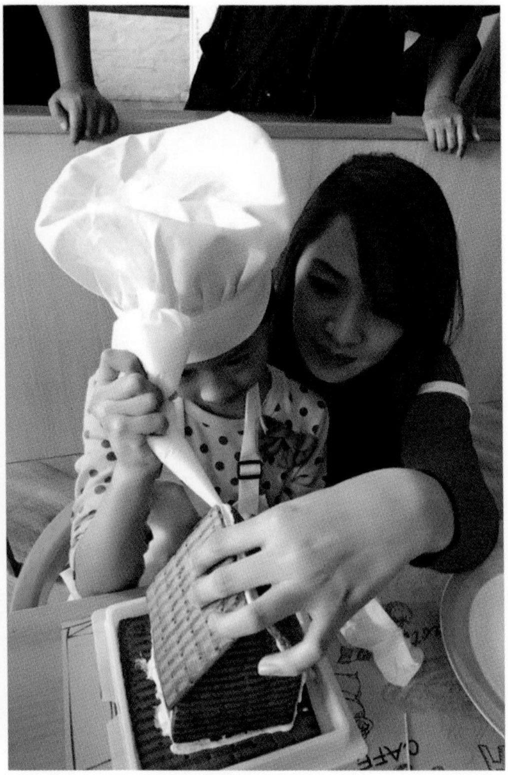

認識食物，才會珍惜健康的美味

人，品牌經營的方式；隨後引爆的食安問題，我們反而逆勢而上；因爲消費者知道不能貪圖便宜，而當時的業績瞬間就衝上來了。」或許，「堅持」這兩個字，在我們的人生裡，往往容易被時間掩蓋而消沒。從煒展的堅持下，我們看到他不像一顆風向球，隨著時勢而改變方向，他寧可少賺一些，甚至會面臨原地踏步，但唯有堅持的用心，才能對待每一樣食物及料理。他說：「我可以接受生意不好，但不能接受食物不好。」「每天熬高湯」這件事，在別人看似不可能的質疑下，他依然從創業第一天熬到現在。「我們喜歡做對的事情！」這句話，就是煒展在堅持中最核心的答案，因爲堅持做對的事情，堅持不跟食物的品質妥協，讓煒展有了一個藍圖，他希望未來能有一間食品工廠，能夠提供好的食品原料，透過他堅持對食物的品質與把關，讓更多人可以吃得開心。他說：「因爲來餐廳吃飯的人，本來就是要來找開心的感覺。」透過煒展的分享，或許我們都要相信「堅持，才是最好的答案。」

每個過程，都留下了令人懷念的故事

守住一份紮實的信任

在創業中，鼓勵與批評的關係，就像拔河，有時努力的方向不同，造成的結果也會峰迴路轉。身爲典型高餐人的煒展，回到自己成長的家鄉開店時，也坦言：「一開始很多人對義利廚房的批評是七成，鼓勵只有三成，因爲我們的定位與彰化的市場，有著格格不入的情形，但如果我們順從市場的角度去經營，那就枉費自己在高餐學了這麼多的知識，雖然典型的義大利麵，在當地人習慣的口感上有很大的衝擊，他們甚至覺得義利廚房的東西就是貴跟不好吃，直到有客人漸漸從許多管道接觸到眞正的義大利麵的料理，他們才會開始說：『要吃眞正的義大利麵就要去義利廚房。』那時候我們餐廳的鼓勵才從三成提升到七成，也大概是歷經兩年左右的時間，才眞的有穩定的鼓勵。」

在煒展的創業故事中，我們看到這段鼓勵與批評拔河的過程，在一開始批評領先於鼓勵的情況下，煒展秉持心中的堅持，因爲他不肯迎合市場的需求，同時保存這份純粹的理想。漸漸的，當接觸的民眾愈來愈多時，認知才開始有了被釐清的可能，因此當民眾

主廚珍藏已久的祕密拿手菜

的心中開始對義利餐廳、尋鹿咖啡有了信任以及認同時，透過煒展不斷地延續理想，這份好不容易累積的評價也變得紮實。而在談及煒展對食物的定義時，我們必須先從他的比賽生涯中，一次偶然的反省下說起。他說：「我對於食物的定義，是從廚房中磨練出來的。有次我將多餘的馬鈴薯丟掉，接著在某一次的比賽中，我獨獨缺少了馬鈴薯。我那時心想：『哪怕只有一點點馬鈴薯，這道作品就能趨於完美。』比賽結束之後，我便意識到食物的核心意義就是要百分百對待與利用。」因爲曾經疏忽對食材的徹底發揮，進而讓煒展在一次的際遇中，學到一課很重要的學問。在創業之後，他反覆運用這些學問，只爲了在面對一道料理或一份食材時，其態度的慎重。如此一來，當我們用心款待一份餐點時，消費者自然也會從中感受到我們的心意。

創業之後的煒展認爲，很多無形的經驗與認知，都是在高餐這段時間累積的，從西廚系畢業之所以再選擇攻讀飲食所，主要是覺得「廚師不是唯一的路」。他說：「還沒讀碩士的我，是一個只懂得接收，而不懂批判跟質疑，甚至也欠缺反思的能力。我覺得會做菜之外，還要會說故事，但這是需要訓練

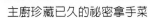

吃一口滿足，喝一口酣暢

的，因此我去修教育學程，去補足自己溝通思辨的技巧，我在這過程當中，重新建構許多想法，透過這些修正的結果，讓我更有辦法去行銷與包裝。」擔任老師的煒展，除了在學校中傳達自己的餐飲收穫外，回到餐廳的他，一樣用潛移默化的方式去影響消費者，他認爲這樣的影響，是一種好的改變，或許需要時間，但他知道他只會一直做下去，因爲這不就是身爲一名廚師與創業家的使命嗎？

當一身傲氣遇上公益

如果在高餐還有一件值得分享的事情，那就是煒展在自身的態度上，有了戲劇性的轉變。他笑說：「高餐確實磨掉了我許多性格，最明顯的是我的氣燄變小了。」從高中即是選手，是比賽的常勝軍，他的叛逆期是高中才開始，那時他的形象讓人覺得會玩也會讀書，加上技術優異，使他不知不覺懷有傲慢的性格。煒展坦言：「我在高中時很會質疑老師，常常爲了反對而反對，可能是我在各項表現上都很傑出，所以學校沒有放棄過我。」這樣的心態，一直到高二因比賽失敗，才變得收斂，但更大的轉變，是在考進高

各盡其職，夢想與熱情就完美了

餐後，面臨到知識斷層的打擊。他說：「我那時在課堂中聽不懂老師在講什麼，許多專業知識都無法理解，這讓我開始反省必須要改變，因爲我身兼學生主廚與課堂的小老師，我沒有時間徬徨無助，如果沒有做好，全班只會看著我出錯。於是我重新調整自己求學的心態，認知到要快速進步才能時時處在備戰狀態，結果那一瞬間的轉變，整個人的傲慢就從此收了起來。」

畢業那一天，當時西廚系的全班同學都齊坐在階梯上。煒展告訴同學們：「我們要把高餐教給我們的能力發揚，要把對的理念以及對食物的想法，分享給更多人。」於是創店之後他投身於公益上，或許這樣的想法，要追溯到高餐時期的住宿經驗，透過來自不同地方的室友，帶給他的感覺就像一個新的世界。每個人都是獨立的世界，唯有付出關懷時，彼此才會靠近，也才沒有任何差異。煒展認爲：「我發現眞的是要以人爲出發點的設想，才會眞正落實到人的身上。舉凡社會弱勢、經濟弱勢，其實都要靠我們這些中間族群的角色去關懷，因爲我們確實看得到他們生活上的困頓，於是我就去做了！」

從煒展身上，看到公益對他而言是件樂此不疲的

想知道食物的美好，歡迎光臨

事，他依然持續做，從提供免費的餐點到直接前往療養院做菜給需要的人們享用。也許，食物比金錢還來的踏實，因爲它具體延續了生命的需求，這種最直接的感動，讓煒展以及整個義利廚房、尋鹿咖啡的團隊員工，共同付出與感受這份超載的正向能量。最後，煒展靦腆地笑說：「我們的生活有70%都花在吃的上面，創業之後更加意識到，食物並沒有平均分配到社會各個角落，因此我用我們的方式，就是用食物來關懷社會。」因爲念了西廚、讀了教育，如今走到創業，煒展能運用更多元的知識，去實現自己的理想。他曾說過：「我不想單純只當個廚師，我想要有一間食品工廠，透過它，我能執行更多事情，分享更多健康的食物給消費者。」從進入高餐，因爲認知到自我的不足，於是改變，「轉念」一詞，在煒展身上，表現得淋漓盡致。從投入公益到此刻，這是一段持續作用在人生未知旅程中，一項別具意義的事，它不像享受美食的滿足，但卻有一份最踏實的成就持續地作用在自己的餐飲這條道路上。

12

南投

快樂皮偲

食之有味•24種夢想的酸苦甘甜

手作　浸釀　上菜

THE HAPPY PIECE

快樂皮偲

高餐的倒影，映出世界的餐飲

畢業於餐管科的陳琪萍是屏東人，家中有八個小孩，她是排行最小的老么。在早期重男輕女的意識下，屏東女中畢業後，因擠不進大學的窄門，轉而選擇前往高雄工作。那時的她在一間牛排館擔任服務生，每當空班時，老闆娘會特地送她到調酒班學習技術。適逢那時，琪萍從調酒老師的轉述中，得知高餐二專即將成立。她心想：「既然老師都給了我這條路，剛好工作的方向也跟餐飲相關，那就試試看吧！」於是琪萍特地與姊姊共同標了會，只爲了湊足錢到補習班補習準備高餐入學考試。她笑說：「我是吊車尾進去的！好像是倒數第三名。」因爲工作性質的關係，琪萍進入了餐飲管理科。她告訴我們：「我在進入高餐後，相當喜歡學校『務實』這部分，像我們進來後，第一年在學校，第二年就實習，在理論與實務上能得到結合與應用。透過實習，我從基層開始邊學邊做，發現這是別具意義的一種修行。」雖然琪萍也曾因當年未考上大學而失意，直到她認識了高餐，且順利考進後，她才眞切體會到，這還是她人生第一次眞正爲

餐　　廳：快樂皮偲

（南投市埔里鎮八德路232號）

校　　友：陳琪萍（86學年度二專餐飲管理科）

這是我用一磚一瓦慢慢堆起的夢想

自己念書的時候。她笑說：「有時候，你必須要替自己認眞做一些事，我認爲當初選擇補習去考高餐，應該是我這輩子最值得慶幸的事。」排行老八的琪萍，因爲大家庭的關係，她從小便未能得到父母親的關注，卻在考上高餐後，家人開始參與她的校園生活，就連過去琪萍的畢業典禮不曾參加過的父母親，也在她高餐畢業當天親臨會場。琪萍曾提到自己是以吊車尾的名次進來高餐，但畢業那天，她一共領了兩個獎項，分別是智育與體育，能獲得這樣的肯定，必然是她在高餐兩年下來，努力的總合。

而當她提及高餐的光環時，卻不全然認爲這道光環是需要高度積極展現。原來，因爲高餐學歷的顯赫，也曾讓她在實習的西餐廳，遭遇到同事不友善的對待，在這之前，高餐對她來說，只是一個很棒的平臺，讓她看到餐飲業可以做到這樣的境界。琪萍坦言：「在實習遇到不好的對待，其原因很簡單，就是因爲她考不上高餐，因此就想辦法處處針對我。後來我也用能力證明給她看，讓她知道『其實你可以不用這樣子』，因爲有這件事的發生，我就會思考到，這光環確實有完全支撐起你嗎？我認爲可以將高餐視爲人生中一個可增加實力的地方，因爲它確實擁有更好的知識來源，也能從每個老師身上看到各種歷練，讓我開啟更深且廣的視野。」從餐飲業來說，這絕對是一份與人密不可分的工作，我們的對象也不全然僅有顧客，對內我們要面對的還有夥伴與主管。因此即使有著一身傑出的廚藝，也是需要人際關係的配合，才能呈現出餐飲最好的本質。對於這個現象，也是現代年輕學子與創業新秀値得去好好沉思的課題。同時，琪萍也補充：「我不希望高餐學生，因爲學校的光環而驕傲，你可以展現自信，但不能呈現自傲，自傲會讓人無法與別人合作，這其中拿捏要相當謹慎！」

從努力拚到高餐這張入場券，到最後資源滿身無窮的琪萍，畢業後，即前往眞鍋工作。因表現優異，在短短數月間即擔任店長一職，一年過去後，她與老闆在理念不合的情況下選擇離開，並決定自行創業。她表示：「在眞鍋第八個月後，我就以爲自己可以創業了，但太理想化的結果，其實是個很慘的經驗，一開始我的定位跟定價就錯了，我選擇回到屏東開店，而且就開在學校的對面，那時屏東好熱，我又定在戶外，客人根本不會來消費。」首次創業的琪萍，在產品與顧客群的設定上明顯有了錯誤的判斷，因此她

回想的當下，故事與我互相問候

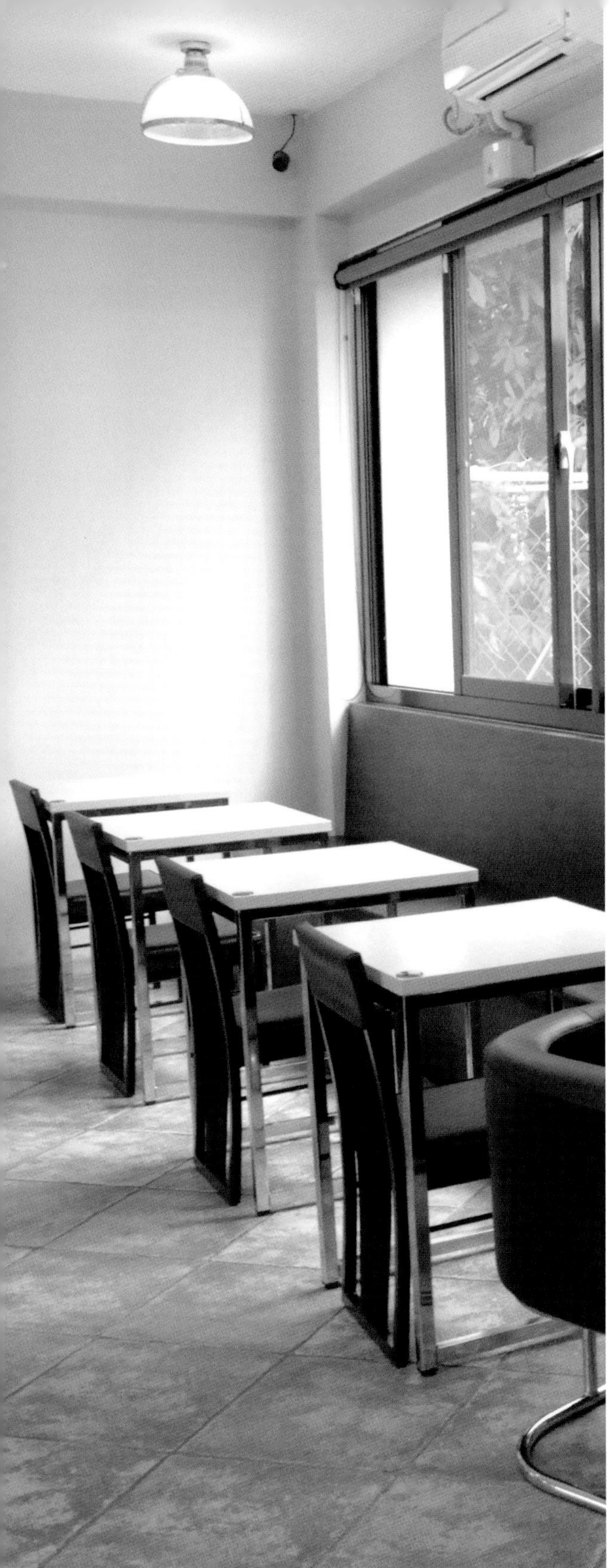

想讓空間給人一份朝氣的溫暖

在苦撐一年後，便決定將事業結束，這一次的經驗，除了讓她慘賠外還有了債務。重新背起負債的琪萍，除了放低姿態，她也學會拿捏自己的驕傲。當她前往三皇三家應徵時，一開始老闆看到她的學歷，只說一句：「你來這裡幹嘛？」順利錄取後，琪萍從廚房開始做起，這段期間，她在歸零的狀態中又慢慢累積更多能力，三年過去，她的職位與薪水已經沒辦法再往上提升，再加上老闆娘持續對她抱有競爭的意味，她便明白是該離開的時候。琪萍也表示：「辭職後，我回到屏東創業。一開始的快樂皮偲，其實就像一般的早餐店，其中比較不一樣的是，部分的產品我會堅持自己做，至少我希望自己做的東西是有良心的。只是若以利潤來說，所得到的獲利確實太薄弱了，當時我就想跳脫這樣的框架，剛好那時臺灣還沒有風行早午餐這種概念，而且我發現早期具有早午餐風格的店都很貴，我就想要轉型成價位稍微合理的早午餐店。但問題是，在屏東開的快樂皮偲，已給人既定的印象，品牌已經深植人心時，若要選擇品牌轉型，其實是相當不容易，於是我想要到一個完全不認識我的地方重新開始，後來我把店賣了，一路開車到了埔里。」

用心調出每一杯美味

在創業的路，品質是盞燈

來到埔里後，琪萍的狀況並非歸零，她除了每個月六萬元的債務外，還要設法在這裡重新生活，於是在她了解地方整體業態的定位後，第一階段的快樂皮偲也在南投落腳。琪萍認爲：「因爲我當時還有負債，於是想藉著開店靠自己的能力慢慢償還，再加上我的姊姊住在魚池鄉，而且我也挺喜歡鄉下帶給我的感覺，在符合成本的情況下，我想要做有良心的事業。雖然初期這家店很辛苦，員工的工時也只敢請到中午，但邁入第二年後，發現有客人漸漸注意到快樂皮偲了，口碑就從那時開始建立而趨向穩定。但後來我發現這裡的環境其實不是很好，剛好與房東長期溝通不來，就決定搬到第二階段的店面。」生意成長後，琪萍選擇遷到更好的環境，將夢想打造得更完整，但搬到騎樓的店面，首先遇到的問題是小黑蚊，其次是安裝冷氣這件事，同樣也讓她掙扎許久。琪萍解釋：「剛搬到這裡，收入還不穩定，一家店最害怕遇到的事情，就是收到電費。那時候小黑蚊一直是我傷腦筋的問題，後來我決定將騎樓店面改裝一下，也加裝了冷氣。不久後，我才明瞭原先的擔心其實是多

只想用更簡單的食材來慰勞身心

餘的，裝冷氣後，發現喜歡冷氣的客人就來了。」漸漸的，第二階段的快樂皮偲又比上一階段，更加受到青睞與迴響。慢慢到了第四年，琪萍開始察覺到自己每個月除了要負擔快樂皮偲的店租外，她還必須面對自己在外居住的房租，在兩項開銷的束縛下，她決定借錢自己買地蓋房子，現階段的快樂皮偲，除了作爲餐廳外同時也是住宅。琪萍喘了口氣道：「剛蓋好這家店時，因爲座位數突然增加太多，讓陸續上門的客人等餐太久，業績反倒是往下掉，後來增加人力，也做了調整後，整體的業績才慢慢又拉起來。因此每當看著這家店從開店到打烊的過程，其實心是相當踏實的！至少知道現在付出的努力，都會回饋到自己身上。」

走過一、二階段的快樂皮偲，如今終於擁有了自己獨特的店面，這一路的每個進步與打擊，都共同加深了心中那份堅毅。她有感而發地說：「當你很用心在準備餐點時，顧客其實都感受得到，因爲我們都當場親自做，除了成本能回饋給顧客外，他們也可以從和我們的交談中，認識到這是一家什麼樣的店，也知道我們是一個怎樣的人。就像當我知道餐具對人體的健康影響後，我就將店裡所有美耐皿餐具換成現在看

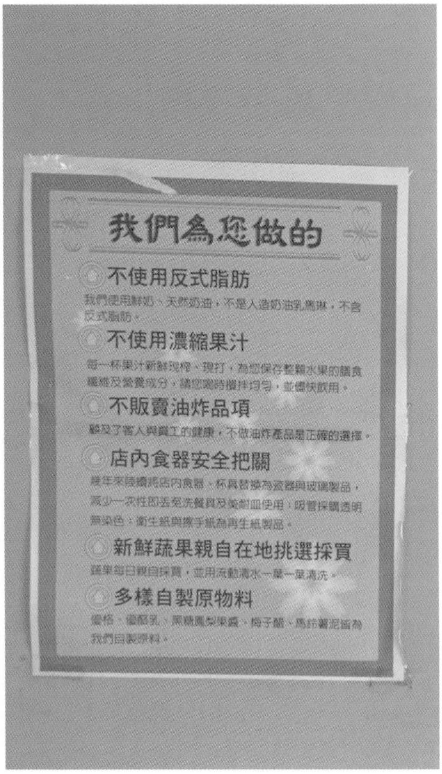

不用點太多，只求您品嘗到底

得到的玻璃杯、瓷碗、透明吸管，我甚至減少使用紙杯只爲了減少汙染，光這一點，就讓我在這個鄉下地方被視爲不好相處。我只是覺得一家企業能在這個社會上運作，除了自己要對環境重視外，消費者也要和我們互相承擔一點環保的責任，例如飲料剩餘二○○cc以下我就不接受打包。這個規定會讓你時常聽到：『這不就是一個紙杯而已，也不給！』通常有這樣想法的顧客，他們只不過想到自己的小小需求而已。」從一開始給人酷酷形象的琪萍，到聽見她這一番言論，大家確實發現她內心有著一份格外溫暖的初衷。這些想法或許不盡然以人爲本，但涉及的程度卻超越以人爲中心的範圍，從餐飲到環境，再從環境到人，這樣的轉變，也許讓人覺得限制變多了，但回歸到她的堅持面來看，她只是在試圖喚起另一群具有相同理念的顧客群，從愈來愈多認同者的身上看到，只有一件事情是大家持續關注的，即是深信琪萍會一直朝向對的事情去追求與學習。

埔里這個說大不大的地方，竟藏了一個思維特別的老闆，甚至還推出了「品德卡」這個活動。琪萍笑說：「那是因爲眞的遇過太多奧客，讓我省思到教育客人應當要從小開始做起。」透過此活動的宣傳，它

每一份料理，都承載我的精神

就像一粒粒種子，雖然力量未知，卻蘊含著一份美好的期許。經由每個學生的體會，期望能產生正面的影響來改變這個環境，漸漸的，快樂皮偲也從「那家店的老闆很兇耶！她要什麼，她都會對你講一大堆」，到現在琪萍能與每個顧客熱絡的如朋友般互動，她坦言：「來到埔里後，從第一家店到現在，我一直在修正自己。每當與客人有衝突時，我都會私下反省，設法尋到更好的解決方法，即使現在還是會遇到從都市來的客人，他們自認高人一等的心態會讓你覺得很好笑，但你還是可以表現得很專業讓他們知道這不是城鄉的問題。」除了不斷學習與客人的相處之道，琪萍在團隊夥伴這部分，也經歷許多艱辛的過程，因爲在鄉下地方，人力市場的條件本身就缺乏，再加上員工也必須重新教育，琪萍時常透過親自回饋社會的方式，來讓員工感受這份付出的喜悅。從中，除了學到觀察環境外，也學會人與人眞實的互動，經由這些實際耕耘的努力，收成的心血都是屬於自己，這也是琪萍能與員工相處好像一家人，原因不在複雜的解釋中，而是從互動裡得到答案。

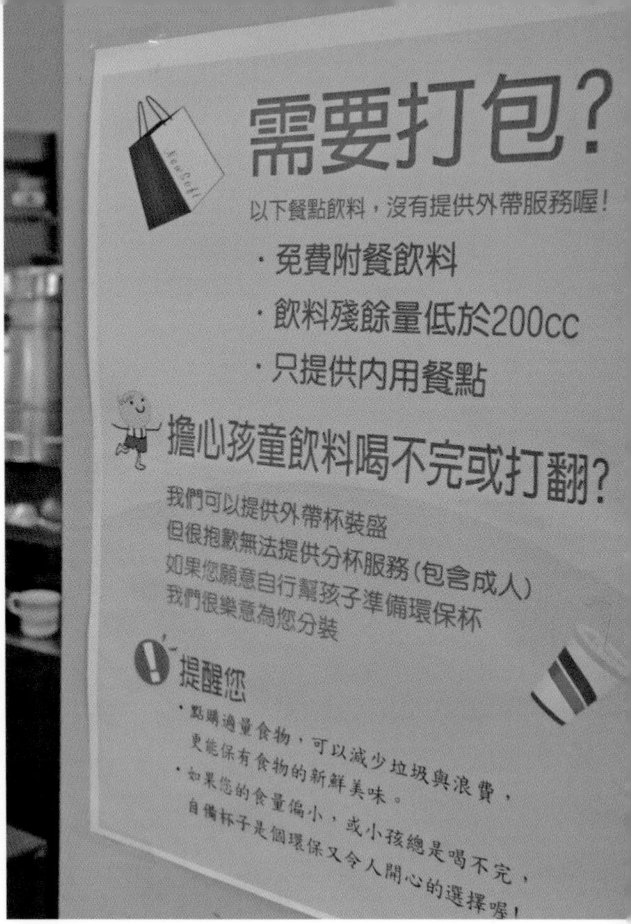
需要打包？
以下餐點飲料，沒有提供外帶服務喔！
・免費附餐飲料
・飲料殘餘量低於200cc
・只提供內用餐點
擔心孩童飲料喝不完或打翻？
我們可以提供外帶杯裝盛
但很抱歉無法提供分杯服務(包含成人)
如果您願意自行幫孩子準備環保杯
我們很樂意為您分裝
提醒您
・點購適量食物，可以減少垃圾與浪費，
更能保有食物的新鮮美味。
・如果您的食量偏小，或小孩總是喝不完，
自備杯子是個環保又令人開心的選擇喔！

共同承擔一點自然的責任吧

走過不俗，心更純粹

從首次創業慘賠負債後，琪萍意識到自己仍有許多待修正的問題，她選擇前往三皇三家重新開始，除了修練自己的傲氣，也再次醞釀第二回創業的能量。從高餐畢業後，她就體會到「高餐人要有自己的想法」，雖然這個想法也需放到市場發酵，但擁有了問題意識後，自然尋求解決的方式便不成問題。她知道未來的餐飲趨勢，必然是朝向特色店的型式來經營，透過她的理念，再加上本身性格較嚴謹的使然，很多事情縱然傷痕累累，琪萍從未感到沮喪。她始終相信「人生要清楚何時該認眞面對，才有跟別人說笑玩樂的時候」，在個性上，琪萍確實也大幅修改許多，她表示：「當時畢業直接去工作，因爲很快就升做店長，讓我以爲自己具備了些能力，而變得有點驕傲。直到第一次創業失敗後，我就將傲氣收了起來，重新用另一種態度去工作，在這過程中，或許因爲我的檢討性比較強，我明白到驕傲無法讓自己學到新的東西，等到我重新認識市場後，我才深刻回想到『當初第一家店確實有太多不成熟的想法』。一直到現在，我仍然認爲在創業中，無論面對的是客人或員工，如

總是喜歡在自己的舞臺上分享快樂

果沒有讓別人產生安全感，那就代表創業仍藏著一件很嚴重的問題待解決。像我們的員工都很愛自家的產品，因爲他們知道與你一同上班時，不僅是賺錢，還有用一份良心去款待食物與客人。」

從工作中漸漸獲得不同想法的琪萍，即便畢業多年了，心中還是會牢記一句「高餐畢業的都應該要有自己獨特的想法，因爲這是一所特別的學校」。因此儘管琪萍最初以高中生的身分考進高餐，在餐飲知識背景薄弱的情況下，她無畏考驗而選擇逐一克服。回歸二專生活，她給自己評了八十五分，且補充說道：「我曾在課堂考試中拿到破百的分數，但成績最後還是九十九分。那時老師想告訴我們：『人是沒有完美的。』後來重新回想這段時期，我確實也是全心全意投入在課業中，倘若我沒有那段時間的充實，我想我也無法在畢業時拿到智育獎。」重新回顧曾經在高餐努力過的琪萍，因爲有著這段精華的成長期，好讓她養成與壓力和平相處的習慣，從每天一睜開眼，她的頭腦便開始運轉創業的大小事以及未來每個階段的計畫。甚至她還想過若有一天重返高餐，她想再補足廚藝的能力，如此一來她能了解食品營養的趨勢，透過清楚掌握食材的原料，更貼近現代人飲食的健康指

因為我來自一間很特別的餐飲學校

向。我們從她身上仍看到持續不斷的學習力，她在累積每種能力的同時，也在設法醞釀出更好的方式來應用於創業。

因此，當快樂皮偲遇上食安問題時，生意量卻逆勢大幅提升，原因在於客人平時反映「快樂皮偲的餐點都沒什麼味道」的問題，竟在這次食安中得到最有效的解釋。琪萍坦言：「當客人從一知半解到明白這就是眞正食物的味道時，他往你靠近的意願就相對提升許多，這都是因爲我清楚所有食物最原始的狀態，透過在學校所得到的知識，讓我有辦法去判斷與變化，或許這也能說是我從高餐拿走了一份『知道如何創業的基礎』的能力。」早在就讀屏東女中時，琪萍已擔任過各式各樣的職務，從中她發覺自己似乎能勝任起領導的角色，並認爲未來會開一間屬於自己的店。因此從高餐畢業，然後工作、創業、負債，再到埔里重新出發的每個階段，琪萍深深體認到「如果後臺不夠硬，千萬不要靠包裝」。即便是現在生意絡繹不絕的快樂皮偲，也沒有屬於自己的產品Ｌｏｇｏ設計。我們也得到一個觀念：「回到食物的本質面，包裝內的東西，才是一切價值的起源。」琪萍笑著補充：「每次點餐時，我其實不太希望客人點很多，因

歡迎一同來尋找快樂的成分

爲我討厭客人打包，所以我都會建議客人的分量。這時客人就會回說：『我還沒有看過有店家限制我點餐的。』但這就是我在創業上的堅持，同時我也相信透過這份理念，會讓認同我的客人更喜歡我的方式。最後我想的說是，如果有機會考進高餐，千萬別包裝去經營，要用餐點去吸引客人，這雖會比較辛苦，但也相對紮實許多！」

一旦遇上就不再失落

選擇以埔里作爲重新出發的琪萍，回想最初從騎樓展開創業，隨後加入了冷氣，也漸漸得到關注與支持，不知不覺中，創業原先所欠缺的元素，也在琪萍的每次反省與修正中得到更趨近理想的層面，等到她開始計畫買地蓋房子時，餐具也從美耐皿變成了玻璃器皿。這一路的每個改變，全然只來自她想給顧客更好的用餐品質。因此即使外來連鎖店進駐，快樂皮偲也不曾感到害怕，因爲在默默堅持做這些事的同時，顧客也是同樣陪著她一路過來。誠如琪萍說的：「在堅持的過程中，並不是每個人都看得到你的未來，也不是每個人都會肯定你。」

我的夢想，我的人生

在訪談的過程中，曾有幾次提到琪萍鮮明的性格發展，我們好奇地問她：「一路上所感受到的批評與鼓勵，約略是怎樣的比例？」琪萍不假思索回答：「批評三成，鼓勵七成吧！」她認爲：「批評較少的原因，主要因爲我太兇了，有不少隱藏的批評沒有算在其中，而且一般人都是欺善怕惡，我發現客人在對服務生和對我的講話態度，是截然不同的口氣，你自然會明白誰是眞心讚美或是形式上的奉承。」在埔里開店以後，琪萍也坦承有許多挫敗皆來自埔里的學生，她甚至也與學生在網路ＢＢＳ有過筆戰，這一切只爲了捍衛自己餐點的品質。她對此坦言：「當發生這種網路客訴的事件時，我知道這是在考驗自己的理智問題，後來我選用委婉的方式來澄清，平息之後，你會體悟到創業除了要兼顧餐點品質外，溝通也是極重要的一門課，因爲你永遠無法忽略網路的力量，它是很可怕的雪球效應。」開店以後，琪萍的視野變得更廣闊，她開始注意許多與餐飲相關的資訊，從這些資料中去調整改變。隨著這幾年的執行下來，她已經與整個社會的脈絡同步進行，在堅持住一條屬於自己的道路時，別人才會重新定義你這個人的價值。琪萍深有感觸地說：「其實我的特質一直都在那，只是別人看你的眼光不同了。尤其當房子蓋好之後，更多現實面的差異會讓你冷暖自知，最明顯的是，會發現討厭你的人都不再出現了，喜歡你的人會變得比較敢表達。但總歸一句『我不可能討好每個人』，我只知道在自己願意堅持的過程，就是因爲不願退縮，一切才會漸漸累積成一份份紮實的認同感。或許這過程，會有許多不確定性，甚至會陷入徬徨，但只要做自己覺得對的事情，剩下的就交給市場抉擇，是好是壞，至少這份堅持是正確的，那就對了！」

訪談尾聲，我們向琪萍詢問了最後一個問題：「快樂皮偲的命名由來？」琪萍表示：「關於命名的想法，它是來自我在高餐圖書館讀到的一本書《失落的一角》。這本書的內容是以簡單的圖像來呈現，但卻能引發出每個人閱讀後的不同收穫。我那時心裡就不斷有個想法：『無論你缺一角？來到我們這邊也許就能補足這一角。』因此我就產生『快樂的一角（快樂皮偲）』的概念。」透過琪萍的解釋，讓大家體認到每個人的生命必然都有殘缺，有些人少了自信、有些少了謙虛，無論生命的本質有多少不完美，那都是真實的你之所以存在的基礎。也許因爲曾經失落，所以更加追逐人生的向陽面；也許因爲曾經黯淡，而更要耐住性子，尋得一次大放光明的機會。琪萍的創業，從驕傲到熱情綻放，從負債到歸零出發，她仍然持續努力著。而回歸到我們每個人的生命旅途上，經由這次寶貴的故事分享，我們是否也替自己的人生或夢想，展開一次奮不顧身的拚鬥或改寫？

想傳達的，只是一份快樂

13

南投

Hero Restaurant

經典食客・24種夢想的登場方式

手作　浸釀　上菜

踏上英雄的旅程

這次訪問的校友是一對深藏不露的姊弟倆！姊姊蕭麗珍讀的是行銷系，弟弟蕭淳元念的是中廚系。自小對於烹調食物充滿興趣的淳元，最初雖沒有基礎，到了國中他接觸到自己喜愛的餐飲，但眞正走上餐飲這條旅程，要從高職餐飲管理科開始出發。他首先施展熱情的是麵包與甜點，他表示：「我一開始接觸餐飲，並不是喜歡做菜，而是喜歡烘焙。高三曾有前往日本或歐洲學習烘焙的念頭，只是在評估後，我還是選擇留在臺灣，不過那時就想要以高餐爲第一志願，選擇中廚也是因爲覺得自己身在臺灣，發展性可能比較有實際例子能當作參考。」高職時期的淳元，因受到學校的重點栽培訓練，當時即擁有乙級證照。不過他沒有因此停止進步，每到寒暑假，他以不支薪方式到麵包店或餐廳實習，提早驗收自己學習的狀態，也能與整個餐飲環境更加緊密接軌。

從高職即擔任選手的淳元，後來也如願進入中廚系。在看似一帆風順的發展下，淳元卻認爲：「像我這樣從高職就一路比賽上來，來到高餐

餐　　廳：Hero Restaurant（南投市藍田街20號）

校　　友：蕭淳元（95學年度四技中餐廚藝系）

蕭麗珍（92學年度二技餐旅行銷系）

後，有時也會覺得自己能力應該還不錯，但開始比賽之後，才知道不是每場比賽都能百戰百勝，甚至在失敗很多次之後，就會質疑自己是不是沒有想像中那麼厲害，那時，我才開始不那麼看重比賽。透過在寒暑假去飯店或餐廳看師傅怎麼做的同時，我也才體悟到『如果比賽的作品沒有辦法大量複製成可以端上桌的料理，那根本沒有經濟效益』。因爲在飯店，有很多都是比賽型出身的大廚，卻因爲職位的受限，還有料理設計的侷限，他們過去比賽的作品根本無法發揮，況且還是有許多餐廳在不重視比賽的經營下，照樣能

恬靜中帶有熱情的餐廳擺設

Hero Chef 淳元

得到米其林的認可。」從比賽的挫敗中，淳元重新定位比賽的意義。從過去汲汲營營於競賽的過程來看，他認清到比賽的作品能在商業的條件下，快速複製五百個、一千個，甚至幾千個嗎？但改變淳元的想法是來到台北喜來登飯店，當時在果雕室的他，從師傅的分享中得到一個觀念，即「愈看重比賽，失落感就愈大，還不如把專業學好」。擁有這個想法後，他決定跳到法式料理的學習。心態改變讓淳元不再侷限在中式料理上，偏向西餐之後，才開啓他另一條嶄新的餐飲道路。

在高餐時期的淳元，其實過著相當務實的循環式生活。例如：製作餐會與寒暑假工作，這都是他持續執行的事，當然其中也因爲比賽的接連挫敗，讓他有了新的想法。他開始閱讀國外引進的料理書籍，也漸漸往西餐的領域涉獵。他表示：「有時候在一直比賽的情況下，可能會迷失自我，產生過於驕傲的感覺，而且比賽只是一種創意的展現，能實際用來執行的很少。」進入業界學習的淳元，更加確信累積實力的重要性。他也深信「會的東西，要能做得出來比較重要」，擺脫比賽束縛的淳元，隨後發展起不同領域的專業養成。在中廚系的紮實訓練下，無論知識程度或

Hero行銷總策畫 麗珍

實際廚藝的展現，都讓他不害怕去嘗試接觸其他料理。無論偏向西式的料理，還是烘焙的製作，唯有透過不同訓練的刺激，才能作爲提升實力的基礎養分。

在西方神話學大師坎伯的著作中，有一本《英雄的歷程》，其中他將英雄的旅程歸納爲「出發，歷險，回歸」的典型情節，我們覺得這一連串的情節，很適合放在淳元的餐飲心路歷程當中，在這一個章節中也述說他餐飲路的啓程，雖然辛苦卻也值得分享學習。

專注是最孤獨的充實

早在大學即醞釀創業想法的淳元，隨著在高餐逐年學習的過程，他意識到自身的技術與經驗仍不足。好比在大三實習時，淳元選擇以宜蘭的渡小月餐廳作爲實習單位，他才了解到自己欠缺的是什麼。透過實際參與餐廳整日的運作模式，從餐會到喜宴，每個學習站都是重頭開始的課程，這些收穫讓他體會到「許多事情是因爲做了才得到」。或許因爲他這一份願意付出的心態，而讓他能得到與別人不同的收穫，他坦言：「大學參加比賽皆連失敗後，就知道自己的實力

現在做的，只為了呼應一路對餐飲的熱忱

還不夠，那份認知讓我知道就算身爲高餐生，其實也沒什麼，自己要清楚自己眞正的能力與基礎在哪裡，不能憑著高餐的光環而自我膨脹，這是沒有意義的。當然這樣的自覺都是畢業後在業界待過，也開始創業後才整理出來的心得，我覺得修行還是在於個人的決心有多強烈。」淳元認爲，一份閃亮的學歷或許比不上一身眞材實料的專業，從高中歷經比賽到如今的他，重新思考了比賽的意義，而清楚定位自己嚮往的目標。畢業後投身於業界，在工作的過程中，一直都有去日本進修的想法，後來，淳元將工作告一個段落，立即前往日本學習，回來臺灣後也覺得自己好像有能力創業了，就先開了一間糕點店。創店後面臨的就是不斷地修正，他原先自認「甜點做得不錯」的想法，也在一次次的改進中被瓦解。那時候，淳元在臺北還有一份工作，期間他還是持續往返日本學習，因此，最初的糕點店是全家人共同經營的。他表示：「開糕點店後，大概也是調整二至三年才比較成熟完整。過程都是邊學邊做，因爲會一直持續看到很棒的配方或技術，就會想拿來結合。」

當時淳元選擇去臺北工作，最初想先從協助經營別人的店開始累積創業的能力，他說：「從空地到建

我的家鄉南投，成為孕育食用花的天然環境

店，到找廠商的過程，讓我有了創業該如何執行的能力。大概工作到一個段落後，我就想回到家鄉南投自己開店經營。雖然一開始沒什麼資本，環境的挑戰性又高，但沒錢總有沒錢的做法，同時也是想到南投這地方，空氣、土壤比較適合種菜，因此我們的出發點就跟別人不太一樣。」回到家鄉，除了逐漸穩定的糕點店，淳元以Ｈｅｒｏ爲名，另外開了現在這家餐廳。他認爲自己的料理手法，大家可能都會，所以要有獨創性，吸引客人專程前來。也或許有了在日本前後共三年的學習累積，他習慣跟著料理的潮流前進。選擇定期出國的原因，也是想吸收不同的料理方式。他說：「如果我沒有一直學習，那我的技術可能就只停留在兩、三年前的程度，所以持續去進修的動機，也是希望自己在料理的烹調、味道、手法上能繼續突破與更新。」

在與淳元訪談的過程中，「日本」反覆地出現，也是我們從他身上看到轉變劇大的關鍵時期。淳元表示：「我第一次想法的轉變是進入喜來登飯店學習後，讓我了解到臺菜可以如何變化，創業後，我一直在做中餐與西餐料理的融合。在日本將近三年的訓練下，讓我大開眼界的事情太多了，例如日本人的進步動力是相當驚人且嚴謹的。即便是從國外來到東京見習的主廚，也都是以不支薪的身分到餐廳交流學習，那時我看到別人一直在進步，而我憑什麼停頓呢？甚至在日本跟我同年齡的廚師，他們的廚藝早已超越我好幾年的功力，原因在於他們大多從小就開始訓練，到我這年齡時，可能都已在國外繞一圈學習回來了。」從淳元的分享中，我們明顯感受到不同料理的精彩背後，都有一段相當震撼的學習歷程，這些影響皆成爲刺激淳元持續與國際接軌的動力。在日本，一位廚師能在工作中同時應付許多狀況，爲何他們可以如此輕易執行？或許要探討到過去基礎功夫的長年耕耘，這樣的態度，讓人不能有怠慢的心態。同樣地，反觀臺灣的學習，我們似乎都有著一份「無法忍受長久紮實的磨練」。淳元補充說：「我們想要花幾個月或半年、一年的時間去超越別人已經訓練五年以上的基礎功夫，如果沒有加倍的時間與心力去拚，那根本什麼都不用說。」從高職時期一直受到餐飲科老師的鞭策，淳元已養成這份吃苦耐勞的習慣，即便後來受到日本餐飲生態的衝擊，他也始終定期回到日本享受這份壓力。

用失去，證明堅定的意義

回到南投開創Ｈｅｒｏ後，首要面臨的衝擊，即是在地客人的反彈與質疑。淳元一開始的做法是將定價制訂得更親民，他也坦言，自己燒的菜在臺北足以賣到二－三倍的價格，因爲選擇在自己的家鄉創業，也決定把價格重新調整，雖然辛苦，但他始終堅持撐下去。無論客人反映的情況多麼令人不好承受，他也未曾有過放棄的念頭。他說：「即使你過去是很有經驗的飯店主廚或總領班，自己開一家店時，你還是一個新手。你只不過看了許多從新手變成老手的案例，不代表你就此不會再受傷、受氣、受阻。因爲開店後所看到的細節，是開店前無法全盤掌握透徹的，就像我想呈現的風格是具有獨特性，因此我決定自己種菜。我的菜到了冬天，幾乎有九成的供應都是自耕而得，但沒有人知道這背後所花費的時間與精力，其成本是相當驚人。」

從淳元的描述中得知創業初期似乎經營得不太順遂，在地客的不青睞，讓他最初想在家鄉創店的那份初衷顯得黯淡。而總結Ｈｅｒｏ在開業九個月的狀態，大致能以晴時多雲偶陣雨來當作營運的心情寫

感謝英雄朱古力替 Hero Restaurant 開啓里程

我專注，是對夢想最好的一種回應

照，直到第十個月，某次美食部落客的光臨與推薦，才讓他的店有了迅速地成長。漸漸的，客人開始從各地專程前來拜訪，有許多客人在第一次用餐後，直接轉而變成穩定的回流客。甚至還有客人告訴他：「你們要努力做下去，千萬不能收起來啊！」因此，即使未能得到當地客人的支持，但淳元也不害怕。他告訴我們：「剛開始創業時，就立即受到衝擊，那時客人覺得我的菜怎麼賣這麼貴，後來我也想過與現實面妥協，像是推出商業午餐，但成效不彰。後來我還是堅持做自己想要呈現的餐點，也總算得到一些回饋，漸漸的，我開始關掉當地人批評的聲音，因爲我的客群大多來自外地。有人覺得我們是瘋子，根本沒有人會像我們這樣去做，但我只是不想讓品牌的定位模糊，因爲我受過這樣的訓練，所以對於品質，我不願意去妥協。後來到了日本，看到的也是這樣的訓練，更讓我確信自己所堅持的想法是對的，那時我就決定用心做好自己的餐飲，也逆勢調高了價格。」

對於淳元的這段話，我們能夠了解到，他只是想要把事情做好，回到創業前的那份初衷。雖然一開始的路，讓他面臨到現實的困境，但堅持下去，價值才彰顯得出來。之後的他，明白了自己的市場與客群，儘管當地人不曉得他的餐廳到底是怎樣的形式，但他知道自己堅持的背後，有愈來愈多人支持著，雖然他最大的目的，是想要眞正改變餐飲的生態。他笑說：「我覺得臺灣的餐飲市場，至少要有人先出來做這樣的事，後續才會有人想要跟進。在日本，廚師在執行專業時，是不在乎客人的批評，而我承襲的也是這樣的理念。當我反覆修正的餐點，還是被不明白的客人批得渾身是傷，那時我就知道，若是沒辦法迎合客人，就別互相勉強配合。」當我們無法迎合所有人的時候，專心做給懂得欣賞我們的人，努力或許才眞正有了方向。在這之前，創業就像一趟沒有盡頭的旅行，只有不斷地堅持走下去，收穫才會累積到一定的程度來兌現。因此，過程無論有多少人事物的冷暖交集，一切就像姊姊麗珍說的：「時間會告訴你很多事情，尤其是堅持這件事，時間總是在最後才告訴你答案，如果你中途放棄了，就什麼都沒有。」從姊弟倆的思維中，讓大家明白到「失去不代表放棄，而是藉由失去來加強自我內心的堅定」。

回歸到高餐，淳元也回顧了大學四年的表現，他覺得自己從高餐拿走了一份「謙虛」。在大學的綜合表現上，他只給自己評了六十分。他表示：「那時候的我，在各方面的想法上，都是後來一直修正才逐漸成熟的觀念，因此那四十分的空間是留給未來好好再去發揮。至於謙虛，也是因爲在比賽中得到太多挫敗而得到的體認，這份謙虛，在我去日本進修的過程中感受得更眞實，我看到許多日本大廚的身段與姿態，從中我就明白他們之所以爲大廚的原因。」從高餐到日本，從日本又到Ｈｅｒｏ，這一路的修正，最終只是爲了讓自己更踏實地走在想做的事情上，淳元選擇了這樣的道路，雖說是創業，卻更像實踐自己的夢想，而在這其中，「謙虛」扮演了一個相當核心的態度。換句話說，謙虛的背後，是滿身的失敗，因爲每一次的跌倒，都再一次的震撼到那個趾高氣昂的自己，我們才能心平氣和去接受挫敗，也坦承自己的浮誇。一直到開店後，從許多人的故事中我們才會明白，創業最大的常客不是「獲利」而是「挫敗」。

努力要放對位置才是盡力

英雄朱古力糕點店創業初期，麗珍撐得很辛苦。姊姊蕭麗珍是高餐第一屆行銷系二技的學生，就讀五專時校風嚴謹，因此來到高餐，很自然地習慣這樣的生活。她笑說：「我當時以推甄的方式進入高餐，由於這是第一屆，所以門檻很高。在競爭如此激烈的情況下，我當時一點把握也沒有，後來很幸運地錄取後，我才知道什麼叫做『聰明人』。一直到從高餐畢業後，我拿走一份很棒的禮物，它叫做視野。」她一開始相當不習慣二技的生活，因爲班上同學太聰明了，再加上因爲這是新成立的系，學習的課程相當豐富，在二技第一年每天滿堂的紮實訓練下，麗珍成長得非常快，她也漸漸意識到自己能在如此優秀的學習環境中，找到適當發揮的位置，好讓她在高餐畢業時，已具備許多專業知識的基礎。開創英雄朱古力後，雖然她將自己定位的設在外場，但任何執行前的評估作業，全都是她一手包辦。

擅長行銷的麗珍，無論在英雄朱古力還是Ｈｅｒｏ餐廳，在宣傳上，她盡己所能地施展才華。雖然最初的糕點店，是相當辛苦的過程，麗珍坦言：「剛開始創業的前三年，我們眞的撐得很辛苦，尤其那時淳元還在臺北工作，期間仍會前往日本進修。這二、三年都是我跟妹妹琬樺共同扶持，遇到問題就要想辦法克服。再透過研發自己想吃也想嘗試的糕點，進而轉成商品販售。我們三姊弟的專長都不同，我的行銷、淳

悄悄揭開餐盤中的拿手祕密菜

元的廚藝、琬樺的設計，我想只要我們善加整合這些能力，必定會有超乎預料的成果。」從瑞士留學回來後，在創業的前兩年，每天都有放棄的念頭，但持續讓她轉換心境的動力，其實有一部分是不想被看不起，再加上三姊弟都認定既然選擇創業了，就只能往前衝。直到最辛苦的前兩年過去了，開始有電視來採訪他們，進而帶動起一段成長的效益期。麗珍表示：「採訪過後，店裡確實有一段蜜月期，只是當自己的商品被更多大眾青睞與關注時，其後續的效應是很可怕的。一方面產品品質必須要維繫之外，在行銷上的拿捏也務必更兢兢業業。」當產品被大眾放大之後，正反面評價就像拔河一樣，總會受到許多外力因素的刺激。這時候的我們，只能更加抓緊自己所堅持的初衷。誠如麗珍所言：「你一定要對自己的產品有信心，因爲這就是你喜歡做的事情。」因爲喜歡，而讓這份動力所延續的熱情得以長久，也或許是因爲愈簡單的動機，它潛藏的力量就愈純粹。

有了糕點店五年的基礎後，Ｈｅｒｏ的成長速度

英雄故事的說書人

恬靜中帶有熱情的餐廳擺設

也相對提升許多。麗珍笑說：「我們的客人大多都是來自外地，住在附近的鄰居鮮少知道我們開的是糕點店或餐廳。」透過這兩種不同形式的餐點，卻意外帶動起加乘的作用。從糕點到Ｈｅｒｏ，其產品的定位皆相當一致。三姊弟認爲：「我們選擇用價格去區分消費族群，如此更能確信的是，願意上門的客人，就是認同我們的客人。」在生活中，我們並不是時時都能獨自品嘗完一道別具分量的餐點，就如同這個市場的大餅，沒有人可以全盤獨吞。以價格來區分消費族群之外，時間也是另一種篩選客人的方式，從中留下的，往往才是最踏實的口碑。麗珍最後也補充說：「我們的專業，真的無法滿足所有人，因此創業的過程其實都是在篩選能接受我們理念的客人，但無論我們怎麼轉變，對於自己不吃的東西，我們也不敢賣。」

在臺灣，能選擇的餐廳很多，但值得我們一再去回味的卻很少。從英雄朱古力到Ｈｅｒｏ的故事中，我們相信英雄存在於每個人的心中，它不是淳元的獨特商標，它是屬於每個人內心的精神象徵。在三姊弟的創業故事中，出發時所經歷險的苦難與考驗，似乎也已經轉換成他們得以持續燦爛的養分，讓人更加明白了「酒香不怕巷子深」的含意。

14

嘉義

清豐濤月

食魂的昇華・24種夢想的發酵方式

手作　浸釀　上菜

用太極，打一套中式態度

初次來到澧宸的清豐濤月，整體的感受，讓人彷彿遠離了塵囂，輕渺幽遠的高山，襯著窗外清冷霧濛的林景，宛如置身仙境。中廚系畢業的廖澧宸笑說：「這一切的形成，眞的是一步一腳印的努力，確實得來不易。」原來，澧宸最初的升學管道是選擇高中，在大學聯考失意的情況下，她不願就此面對現實，毅然選擇重考一途。在重新思考自己的方向後，她知道自己的英文、數學並不是特別優異，因此決定往餐飲的科系邁進，在積極地充實專業科目下，她果眞如願考進高餐中廚系。選擇中廚的原因其實很簡單，因爲從小到大，她一直在中式料理的環境中長大。順利進入高餐後，澧宸並不會感到無力。她表示：「雖然我是以高中的背景進來學校，但因爲上課都是以分組的方式進行，所以在分配工作後，我能夠盡量挑選我可以勝任的項目來執行。因此就算我的基礎很差，也不會就此感到沮喪或挫敗。」當時大一住宿的澧宸，因爲樂天的性格，讓她能與每個同學相處得格外融洽，不知不覺中形成一份堅定的革命情感。她告

餐　　廳：清豐濤月

（嘉義縣番路鄉內甕村凸湖5-3號）

校　　友：廖澧宸（95學年度四技中餐廚藝系）

訴我們：「大一比較辛苦的部分，應該是幾乎每天都是滿堂，而且經常在下課以後，還要整理完廚房才可以回家，回到家都已經晚上九點了。另外因爲我是高中畢業，除了零基礎之外，我也沒有任何關於餐飲的證照，因此我必須撥出額外的時間，趁著晚上參加學校社團，接受輔導考取證照。就這樣，我的中餐、調酒、中點的證照都是在那時候拿到的。」

在順利進入高餐後，挑戰才正要開始，從澧宸的經驗分享中，我們也佩服她的樂觀與積極，她知道自己的能力有限，因此她不會選擇執行一項自己無法控制的事。在大學後期即有創業想法的她，明白自己一定要選擇從事自己能把握的餐飲。她認爲：「我對於料理的熱忱，或許跟別人不太一樣，我不會因爲自己明明不擅長這件事情，卻因爲料理熱忱的關係，硬要去做，我知道這樣反倒會被綁死在自己的執著上。」澧宸開始培養自己確實足以發揮的專業，實習時，她選擇到台北圓山大飯店的分店，鍛鍊自己創業所必須具備的能力。她表示：「一開始到實習單位時，只有

古色古香的中式風

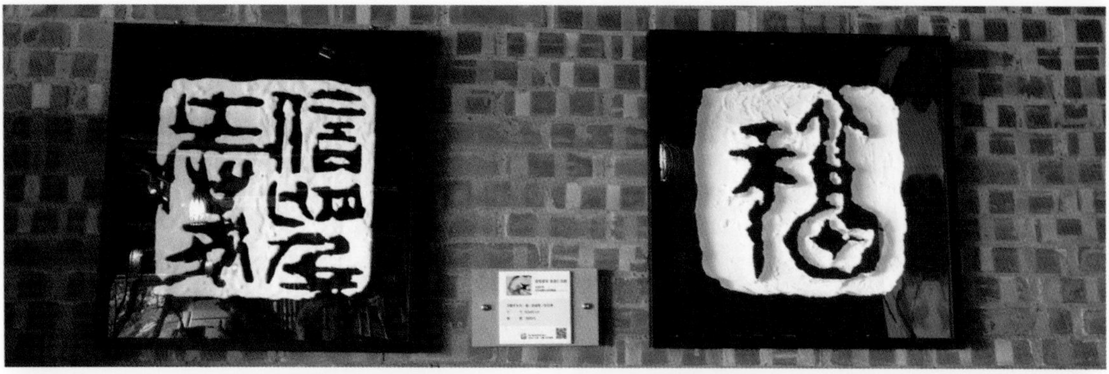

用一身熱情，來作為問候

我一個女生，當時有個何師傅對我相當的好，他不會因爲我是女生而刻意隱藏自己的私門絕技。再加上師傅的專業是港式點心，因此我在實習時，對於港式料理的知識有著跳躍式的進步。實習結束後，我依然與師傅保持聯繫，因爲實習，我們的那份師徒情誼，是非常難能可貴的！」看著澧宸興奮地重述這段過去，我們在不知不覺間被她的熱情所感染，在澧宸身上看到她與眾不同的特質。在實習的時候，她對於師傅所提出的每個要求，必定是全力以赴，做到最好，她並不會投入太多個人想法。在她的認知當中「師傅叫我做什麼，我就確實把它做好」，只是憑著這個出發點，竟成了她與別人最大不同的差異。她也補充：「其實我在實習的過程，也是會聽到不少人發生的例子，像是實習到一半就換單位，或是跟廚房師傅吵架等等。我認爲現在有愈來愈多的年輕人都太有自己的個性，江振誠講過一句話讓我印象非常深刻：『來到我的餐廳，你必須要洗一年的碗，如果你連洗碗這件事情都不做好，那你還能做什麼？』因此，每當實習下班後，我都會將師傅的流理臺全部清潔一遍，沒有人叫我做，但我就是會主動去做。」

澧宸在實習中明白到實習除了可以及早適應職場

每個用心，都有手作的溫度

的環境外，還可學會與他人互動，這也是實習過程中，另一項極爲重要的隱藏學分。一直到實習進入尾聲，灃宸學到的不僅全是技術，她也建立一段和諧的關係，她知道「當你自己態度對了，別人就會願意教你」，這一信念或許就是她之所以能在廚房受到師傅肯定的原因。回到學校後，灃宸更加堅定創業的想法，她不斷在規劃創店的藍圖，從中再不斷以自己能掌握、能控制的餐廳爲導向。她一直很害怕，如果自己不能控制每個環節，例如：哪天廚房師傅發生臨時的狀態，那她該如何繼續運作下去？這些都是她反覆深思的事情。

夢想與我是各自運行的個體

對於創業這項計畫，早在她考上高餐那年，她的父親就著手替她規劃這些創業藍圖。因爲父親是商人，當時全家人已經將積蓄都花在清豐濤月這塊土地上。在確定整地、貸款、建屋時，碰巧是灃宸大三的時候，等到她畢業那年，在她的身上已經背負著五百萬的貸款必須償還，更令人難以承受的是，畢業時，立即遇到全球金融風暴的影響，對於每個月有十五萬

提供的不只是美景，還有美食

款項要交付銀行的她，更是無以復加的沉重。她說：「開店之後，因爲這個地方比較偏僻，客人其實不多，基本上我都是自己一手包辦，從點餐、備餐到環境清潔。這樣的生活大概持續一年之久，甚至常常在假日一忙完時，我就虛脫直接送急診。但我不能倒下，因爲必須想辦法先付下個月的貸款，大致上來說，前三年的我，幾乎可以說每天都在哭，你很難想像日子到底要等到哪一天才會眞的有起色。直到第三年，在一個機緣下我們認識了一位風水老師，老師幫我們的店改了名字，我想既然都改名了，索性就把全部的菜單還有餐具、裝潢一併大更換。創業初期，我做的是西餐、焗烤、義大利麵的料理，改店名後，我才決定回到我的中餐本行。」

重新整頓後的清豐濤月，雖然第三年的業績仍是處於負成長的階段，但整體業績的幅度明顯地往上成長。直到第五年開始，澧宸才眞正第一次感受到自由的空氣。她激動地表示：「我大概被綁了三年之後，才開始沒有那麼痛苦，而說到解脫，大概也是在第五年後，我才終於可以出國！」有了適當的放鬆以後，澧宸開始企圖將餐廳擴展得更大，關於這個擴大的程度，她希望能夠將清豐濤月變成一個「即使我人不在

走入高山的隱藏美味

此，它也能持續運轉的事業」，她認爲：「雖然我可能無法成爲一個很厲害的料理師傅，但我能夠藉著這間餐廳，讓更多人知道嘉義有這麼美麗的地方。這樣我也是在餐飲上，有結合自己的專業與故鄉的地緣關係。」在高餐初期，尚未具備創業意識的澧宸，是因爲家人買了這塊地，而漸漸凝聚她必須創業的決心。那時的她，雖然面臨畢業即背負龐大貸款的壓力，但她卻認爲「如果我沒有試著去努力看看，試著去改變，那事情怎麼可能會解決」。澧宸更明確地說：「我這個人沒想過失敗，只覺得就盡我所能去努力，總會有可以改變突破的時候，而且我相當喜歡改變，像當時改店名的決定，我就很開心，因爲我知道我又能做一些新的事情。」漸漸的，澧宸從一路挫敗慢慢走向順途。過程中的每一個改變，都更加堅定她想要用心經營這番事業的意念。如今走來，她重新面對高餐所賦予她的光環時，她笑著說：「我認爲學校給我的光環，其實是個驕傲同時也是個負擔，因爲有些客人會因爲你是高餐而稱讚你，但相對也是會有質疑的時候。在實習時，你可能會遇到師傅直接對你說：『你不是高餐的學生嗎？』這時我都會以調侃自己的方式來化解這些尷尬，例如我會對他說：『我是高餐

在這裡，談笑風生都成了一種清幽

的，但我也會常常切到手呀！』可能是我習慣以退爲進，所以我會將這份光環隱藏得很好，盡量不去放大它。甚至你會發現，當你選擇這樣調適與消化後，很多情緒都會容易被帶過，從學生時期我就會以打太極的方式，來避免正面的衝突。」

在了解澧宸的理念後，我們看到她的目標就是讓餐廳變成一個能夠自行運作的事業，讓自己在抽離之後，夢想的產值還是可以持續產生效益。因此她將廚房所有的工作項目做到簡單系統化，唯有透過這個方式，她才能夠精準掌握廚房的狀況，她補充道：「我希望我的餐點，訴求的只要不難吃，新鮮就好，因此我將火鍋與煲類當作主打商品。我們都知道一道料理的呈現，最怕就是火候掌握不好，但我知道煲類耐煮，所以我將它加到菜單內，因爲我眞的不敢去做沒有把握的事情。」她期望讓每個人都可以變成廚師，如此一來，她也就能避免自己所擔心的問題。

旅行，讓眼界有了四季

熬過創店的艱辛時期，澧宸身上依舊散發著熱情，沒有因爲挫敗或得利就絲毫改變，這或許也是她

原木，只為了與自然和諧的呼應

面對人生的方式，而從創業回顧到學校時，我們很好奇她會給自己怎樣的評價。她笑說：「我當時在學校的表現眞的很普通耶，我只能勉強給我自己及格分吧，因爲我並沒有太認眞。現在創業後，我發現自己在『管理』的層面上比較欠缺，很可惜當時沒有更善加利用學校的資源。」大家都感受到她話語之中表露的惋惜之情，然而在訪問的過程中，澧宸時時呈現出相當正向的精神，對此我們想請她評估在高餐時期以及開店後的綜合感受，並以鼓勵與批評的事例來作爲分享。她表示：「我在當學生的時候，其實這兩者的感受，我一直都沒有太明確的比例，可能有一部分是因爲我很容易忘記不愉快的事情，這個習慣一直到我創業以後又更加明顯，但如果以高餐時期到現在來說，鼓勵是六成，批評則是四成。」對於批評的部分，澧宸遭遇到的情況，也許和多數新手創業者一樣，就是受到客人與親戚的否定。但她一直相信，只

空氣之中，處處都是宜人的閒靜

要自己堅持撐過，總會有改善的一天。澧宸也坦言：「我一畢業之後就創業了，在沒有任何工作經驗的背景下，其實我眞的很吃虧，但我還是認爲，不要害怕犯錯，也不要抗拒反覆修改。很多事情都是先做再說，從執行中再去發現成功與失敗，再加上我本來就喜歡改變，像這間餐廳，我們就有過兩次的大裝修。我發現客人也喜歡看到我們改變，後來我才知道，一直想太多反而會變成阻力。」聽完澧宸的經驗談，我們也從這些理念中，找一句話作爲她核心的思想：「不改變，就退步。」因爲不畏改變，如今的她，已正在著手民宿的部分，她期望將餐廳結合民宿進而帶動更龐大的觀光餐飲。

在民宿計畫的執行中，我們也發現支持澧宸堅持下去的動力，其實來自一份渴望「走遍世界」的心願。她說：「從開店一路到現在，眞正默默一直支撐我走下去的力量，主要就是想要環遊世界。我常常出國去看別的國家的廚師是怎樣經營他們的餐廳，從中得到更多的料理想法，我知道透過環遊世界，能讓自己的寬度變廣，就像當初在決定以景觀餐廳作爲創業方向時，我就先把全臺灣的景觀餐廳全部吃過一遍。我要知道自己的優勢，也要知道別人大概是怎樣的形

紅磚牆，是一種懷念的古早味

式。透過在中廚培養的專業，我能做出的東西，絕對不是像一般景觀餐廳用的多半是火鍋料，我想要打造一間不僅只有風景優美，餐點也同樣好吃的景觀餐廳。」因爲前置作業的不同，在出發點上，澧宸早已經超越其他景觀餐廳的基本程度，我們發現來到這裡消費的顧客，也幾乎全是熟客。澧宸補充道：「我們店的回流客比例非常驚人，大概有九成，他們來到這裡，不完全認爲只有風景漂亮，我們的餐點也是吸引客人不斷前來的動力。甚至我們還有一個八年的夫妻客，當初他們也是朋友介紹來這裡吃飯，結婚、生小孩後，他們還是每年都來，看著他們的變化，我覺得這是相當有趣的事情。」

這一路走來，好像所有的挑戰與痛苦，都是從畢業後才開始，而開店之後所面臨的酸甜苦辣，也確實都百分百地回饋到自己身上，我們都知道餐廳絕對不是一個人能夠撐起來的事業，對於員工，澧宸也有這樣的看法：「在招募員工的初期，我會將他們視爲家人，當他們離職時，我也會哭上好幾天，不過到了後來，我也才知道這不是我可以全然解決的事。我在這過程中，也不斷思考該如何讓員工能長久跟隨，後來我決定帶他們一起出國，讓他們知道就算是鄉下的小

讓我的夢想在這裡紮根茁壯

孩也有權力認識世界。因爲我長期與地方產業合作，我也想讓當地年輕人可以留在家鄉發展，所以必須給他們一些願景與嚮往。」對於該如何讓員工更加認同自己的店，雖然澧宸仍持續學習中，但她也未曾想放棄這個夢想。過去痛苦的路，隨著逐年的穩定之後，已變成一段過程，在這過程，她忘記了傷痕累累的感覺，因爲她發現唯有不斷代謝這些痛苦，她才能以熱情開朗的姿態繼續闖蕩。從澧宸苦盡甘來的故事，我們發現並不一定是多數人走的路才是正確，世界絕對沒有一條路是適合所有人，只要自己走的路是踏實的，那就是你的道路。

確保自己不再是夢想依賴的養分

隨著澧宸的夢想逐漸茁壯的同時，她卻不認爲自己算是成功了，她給自己創業之後的表現只評了六十五分。她表示：「從創業第一年到現在，每一年的調整，從抗拒到欣然接受。這過程有太多辛苦，我都選擇不講，因爲它沒有那麼容易說明白，我一直認爲別放大自己的努力，辛苦大家都有，最主要是有沒有眞正解決這個問題。很多顧客在吃過別家景觀餐廳

令人回味無窮的景觀美食

後，都會選擇回來支持我們，當顧客願意上門時，我們經歷過的那些痛苦，自然就可以釋懷了。」在澧宸以過來人的經驗陳述時，她依然以低姿態的思維在運作著她的處事態度。早在高餐時期，她就知道降低姿態，無非是讓大家能夠接受她，同時，也因爲身段放得夠低，她所看到的視野才會比別人更廣大。除此之外，每當一談到高餐，澧宸也不自覺提到高餐給了她一份「世界觀」。她說：「一開始進到學校，雖然選的是中廚，但四年下來，我也認識了日式、港式、東南亞的料理。除了學校的訓練以及實習的磨練，最讓人深刻的是海外參訪的經驗，因爲有這趟旅行，才讓我知道原來世界有這麼多的料理文化。當我決定要創業時，老師也告訴我：『你一定要找當地的食材，因爲愈在地化就愈國際化。你能做的就是把在地文化發揚光大，這是你絕對可以利用的現成資源。』於是我就想到我們番路鄉的名產就是盛產柿子，我將柿子入菜，同時結合當地農會，帶動地方的經濟。」

喜歡改變是她經營的手法之一，同時，她也相信很多事情都是遇到才知道，像是當初爲何會發現高餐，其實也是在她選填志願時才發現。她認爲學校無論是資源還是老師，都是非常棒的優勢。除了與學校

遠眺，為的是讓心能重新呼吸

老師、餐廳師傅保持互動之外，她也時時更新自己的國際視野，如今走來，每一個過程都顯得格外寶貴。澧宸坦言：「創業初期，我曾遭到客人飆髒話，當時我的處理方式是罵回去，但現在，我會向客人道歉。我不認爲客人一定至上，因爲有時候客人也是需要被教育，例如我們的餐點如果沒有任何問題，基本上是不接受換餐的要求，在有限度的範圍教育客人，我想這會是我會持續做的事。」透過澧宸的這番話，我們也看見她並不是一位過於商業化的創業家。從上述的事件知道澧宸不喜歡太制式化的東西，她雖然將廚房的運作ＳＯＰ化，但對於外場的經營模式，她卻非常遵從自然。她告訴大家：「清豐濤月的裝潢與擺設，我在設計時，就覺得要朝向自然的形式來發展。如果在山裡，弄一個格格不入的建築，那豈不是很怪嗎？而且大自然本來就沒有任何侷限，連我們的茶杯，我也設法找到師傅來手作。」

因爲澧宸的部分堅持、部分彈性，她的清豐濤月才得以用最新鮮的食材來呈現，又以最彈性的空間營造一個舒適自在的環境。從第一年到現在，她從未有過關店的想法，相反地，她一直在尋求更壯大的機會。她說：「開店後遇到很多大大小小的問題，但後

暫時遠離塵囂，回到最寧靜的自己

來會發現那都不是問題，眞正讓我難受的問題，只有資金，我們也曾經因爲拓展得太快，而遇到資金的困境，但克服之後，才會知道投資自己，往往是人生中最踏實的一件事。」每當問題在腦中交雜，就如同每個喜怒哀樂起伏之後，我們還是得回到一份平靜自在的狀態。看著澧宸的夢想已經開始走向獨自運轉，這一路的收穫，絕對不是偶然，雖然過程有許多深刻的苦楚，但她都只想留存最美好的感動。就像登上一座高山，我們只會記得攻頂之後的暢快，而忘卻沿途跋涉的艱苦，在紛擾的城市裡，我們能走進山林的時間其實並不多，如果有天，當你想要遠離塵囂時，在讀完澧宸的故事後，不妨來到嘉義，來到故事中令人心曠神怡的清豐濤月。

15

嘉義

愛思家樂

食魂的昇華・24種夢想的發酵方式

手作　浸釀　上菜

眼淚像說不完的感激

大夥一同前往嘉義的路上，離市區不遠的道路旁，即看見幸滿的愛思家樂。從外觀上，它的寬敞以及色調，早已在步調悠閒的嘉義，得到相當的關注。畢業於烘焙系的林幸滿以北歐神話裡眾神所打造的家，做爲自己理想中最舒適的幽雅莊園，透過拱門式的大型落地窗，除了營造北歐風格外，它也兼具採光的功能，推開質感不俗的厚重鐵門後，挑高的空間立即讓人感受到自由的一種寫照。確實，那是入門前未曾預料到的溫柔驚喜。採訪尚未開始前，我們早已沉浸在被幸滿所布置的美好當中。直到幸滿坐下來，笑著說道：「我生命中有許多貴人，他們都是我永遠會心存感激的美好事物。」對於幸滿這一番話，要追溯到國中時期開始說起。

國中的幸滿，一直是個前段班的學生，國三時，卻意外被編到所謂的放牛班。她在老師沒有強制鞭策下，漸漸地自我放棄讀書這件苦差事，國中畢業，她分別參加了高中、五專、職校的獨立考試，成績揭曉後，她放棄了高中，在五專也未能錄取的情況下，她只能選擇職校。選擇就讀嘉

餐　　廳：愛思家樂（嘉義縣中埔鄉和美村忠信街9號）

校　　友：林幸滿（88學年度二專烘焙管理科／90學年度二技烘焙管理系）

義家商，一開始她的動機很單純，認爲讀了幼保科，至少畢業後可以當個老師，在懷抱這份認知，準備排隊登記志願時，卻意外被告知「名額已滿，請另選它科」。於是幸滿在盲選的狀態下，又覺得食品科至少是學做料理的專業，便立即換了志願。

進入食品科的幸滿，原先還想參加轉學考，轉到自己想要念的學校。老師告訴她：「既來之，則安之！」她才打消這個念頭：「因爲老師當時那一句話，雖然我在班級的排名上不算很前面，但我發現自己非常熱愛煮東西，也時常煮給同學吃，因爲我的個性比較雞婆一點，我總是幫同學計算配方。在高二的暑假，我在老師的推薦下，前往淡水八里麵包店實習兩個星期。升上高三，當班上很多同學都開始爲升學做準備時，只有我不準備升學。直到寒假開學後，某

家，永遠是身心最好休息的寄託

剛出爐的心血，有著我熱情的溫度

次升旗，老師走到我身旁問我：『幸滿，你畢業後想要做什麼？』我那時告訴老師：『我白天想去麵包店工作，然後下班再去讀進修部。』老師聽到後，建議我去考高雄餐旅學院，因爲當時正好剛成立烘焙科。老師甚至幫我聯絡補習班的主任，並指導我該如何去準備，老師講完轉身那一刻，我的眼淚就再也抑制不了。因爲老師看見我對烘焙的高度熱忱，才願意如此幫我。」在老師以及補習班主任的建議下，幸滿以函授的方式學習；在家人全力支持下，幸滿開始奮發認眞。她笑說：「當時全班同學都傻住了，因爲他們從來都沒有看過我這麼認眞，後來我專心到沒有時間煮東西給同學吃，他們就開始懷念我煮的料理。」在老師的鼓勵下，幸滿時時告訴自己：「不能讓老師失望！」這份決心，讓她的意志愈來愈強烈，畢業後，她前往高雄補習衝刺班。那一年，幸滿考了五九○幾分！在百分之百能錄取高餐的情況下，她卻意外落榜了。因爲她的英文只考了二．五分，尚未達到英文聽力的最低標準。抱著失望的心情，回去學校找老師，老師再次鼓勵她：「你看你只準備半年，就有這樣的成績，要不要再準備半年拚拚看？」於是幸滿在老師的激勵下，揮別了喪志的狀態，又前往高雄補習。她

耕耘，也是一種自然的夢想

表示：「補習那半年，眞的好辛苦，有時會讀書讀到眼淚不自覺地一直流，或許是壓力眞的很大，也或許是機會只剩這一次。」再次抱著忐忑的心情去應考的幸滿，果眞如她的名字一樣幸運。高餐招考的那一年，碰巧遇上高餐取消英文聽力的標準，這個規定的取消，同時也改變了幸滿的人生，她終於考進了高餐的烘焙管理科！

價值只是高劑量的興奮劑

努力邁向高餐的這段故事，始終是她經常作爲分享的題材，透過這段艱辛的旅程，讓學生在獨自咀嚼的當下，能夠有所感發，這就是她認爲最棒的教學相長！回顧高餐時期的兩年生涯，幸滿表示：「每當我回想高餐的記憶時，我總是能看到自己當時很鮮明的一種特質，那就是『自動自發』。當別人沒有要求我去做的時候，我反而主動去做。因爲我沒辦法視若無睹，在主動去執行的當下，我是沒有任何目的性。」從自身即具備這種想法的幸滿，透過自動自發的無形累積，竟讓她比別人獲得不同養分的機會。就連她在面臨校外實習時，因爲當時是按照成績去選擇實習單

幸福的魚，優游在美好構想的分秒之中

位，幸滿是第五名，在可優先挑選下，她反倒先問起師傅：「哪個實習單位比較辛苦？」後來她選擇了臺北希爾頓飯店，只是那時點心房已不缺女生，但幸滿堅持不更換單位，所以她被分發到西餐部門的冷廚房。

來到冷廚房的她，萬萬沒有想到自己無法進入點心房實習外，還變成廚房裡擔任切水果一職的實習生。她坦言：「當時希爾頓飯店的實習名額有兩個，一個是我，另一個是我同學。每當我在切水果時，我總不經意想到自己的同學正在點心房實習著，那時我的眼淚就只會不爭氣地一直掉，甚至在回家的路上，我也還在哭泣。直到我意識到『這是你當初自己選擇的』，我才開始不沮喪也不再抱怨。」重新調整心態後的幸滿，在上班日的前一天，她決定先到廚房了解每位師傅所需用到的工具有哪些，在翌日上班後，便將合適的工具一一幫所有師傅準備齊全，甚至開始每天比別人早一個鐘頭上班，下班後，幸滿還主動詢問師傅能不能讓她去點心房幫忙。在師傅欣然答應後，第三個禮拜起，她便開始兩邊跑，從每天早上六點半出門，到下午三點半結束冷廚房工作後，她又去點心房幫忙到晚上十二點。在這半年內，幸滿遇到許多好

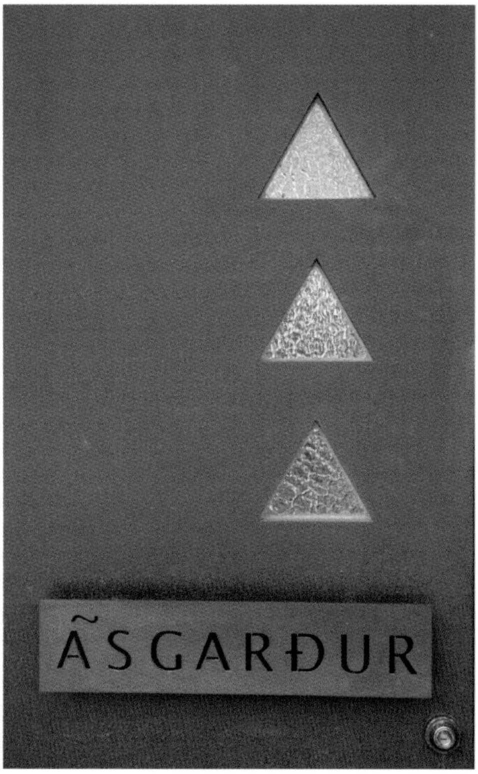

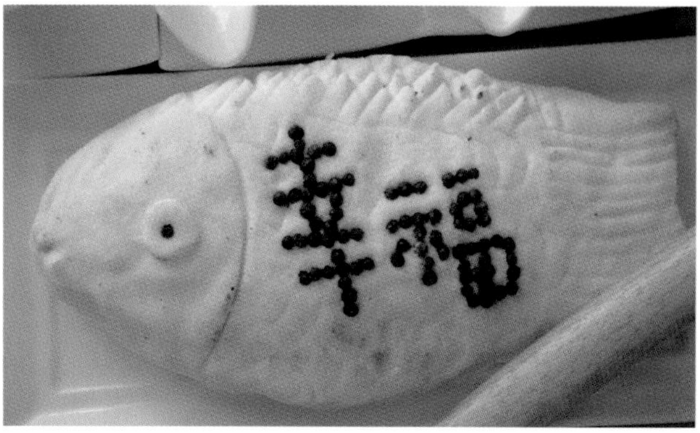

終身美麗，這是我真摯的祝福

師傅，她從中得到了師傅的祕訣，也開始讓其他主廚對她改觀，到了後期，每當有師傅請假，她都能支援該師傅的工作項目，到後來連點心房的主廚，也收她爲乾女兒。因此幸滿才在訪談前隨口道出：「一路走來生命中遇到很多貴人。」從這一句話的背後，我們看到幸滿的努力，她除了能當下轉念之外，還有不服輸的精神，以及前置作業準備充足的能力，每項優點的加乘，都成了她如此受人青睞的原因。

回顧在西餐部門冷廚房的時期，幸滿笑著說：「當時很慶幸有那幾個月的廚房經驗，後來我的西餐調酒證照，就是在當時累積而成的專業。」從幸滿的分享中，也看出她之所以與別人不一樣的成長，是因爲她沒有將時間放在計較這件苦惱事上，同時她也不看重實質的獎勵。在高中決定就讀食品科的當下，她便前往麵包店以不支薪的方式得到師傅的技術傳授。她表示：「當能力還處在培養的階段時，太計較短暫的利益，反而會得不到永恆的價值，那時候只要遇上假日，我就會主動到麵包店幫忙師傅工作，從做爲一名學習者的角色來說，我看到師傅除了要教導我專業知識外，還會打理我的三餐溫飽。或許現代人會覺得這是很不划算的事情，但我卻認爲這是很值得的經驗！」因爲想法的出發點不同，我們很難用當下的價值去衡量一件事情的成敗，或許有沒有意義這件事，並不是誰說了算。儘管在別人的眼光中，幸滿做的事情可能會令人覺得笨拙而不划算，但隨著她不斷累積與得到的過程中，成長的人是她，具備專業養成的人也是她。透過幸滿的無償付出下，進而整理出一個想法：「要使一項專業能快速變得成熟穩定，除了基本的訓練外，還要主動去尋找養分。我們才能感受到自己眞正欠缺的部分，最後再轉換成自己的技術，這就是幸滿的求學方式。」

二專畢業後，幸滿先在高雄85大樓工作，直到高餐第一屆烘焙二技成立時，她才重返校園。當時她以第一名的成績，順利錄取高餐，在面試二百分的比重下，她竟得了滿分。她不好意思地笑著說：「在過去那些無論實習的挫折，或是學業的打擊也好，對很多人來說，這些挑戰都可能因爲太難承受就選擇放棄，但我始終相信，只要自己心念一轉，堅持去克服它，那它就會累積成現在別人看得見，也感受得到的價值。」面對二技的新生活，幸滿又再次回到那個令她感動與快速成長的高餐，任何活動都不曾缺席過的她，在此也眞正實踐且完全發揮一名學生該有的認眞態度。

自然的作物，就像神清氣爽的呼吸

除了美食，也需要書本的充實

當教鞭變成鋤頭，當講臺變成農田

在二技即將畢業的前半年，從老師那裡得知當時高鳳高職釋出一名教師缺，那時的幸滿，確實曾將「老師」一職，當成她清單上考慮的職業。因此，她接受了這份正式教師的聘書，一年後，幸滿在回嘉義學習一門餐服證照的課程中，結識了當時同樣在高職任教的老師，在談天的過程，也意外得知該校有個烘焙老師的缺。因此幸滿決定回到嘉義教書。她表示：「我的教學生涯，總結正式與兼任的時間，大概長達十年。在這十年當中，以第六年之後，我有了小孩便發現自己的重心開始有了難以分配的問題，在我相當苦惱的情況下，我突然想到張明旭老師曾對我們說過的一段話：『我最擔心已經成爲老師的你們，眞的已經準備好要當老師了嗎？』老師的那句話，一直迴盪在我當時深陷徬徨的腦海裡。在經過反覆思考後，認爲自己倘若無法將重心全放在教育學生的上，那我退而轉任爲兼任老師，好讓其他能全心全意付出的老師可以教導他們。如此一來，我就有許多空出來的時間可以陪伴小孩。」從幸滿的選擇中，我們認爲她確實是一名絕對負責的好老師。因爲小孩的誕生，她知道

恬靜的步調，淡而清香的生活

在重心上，她必須有所分配與取捨，這其中的落差，肯定也會對學生有所影響，即使未受影響，但在幸滿心中，自己已是個不及格的老師。

在騰出許多時間陪伴小孩後，幸滿的生活重心全部都寄放在小孩身上。那時的她，完全沒有創業的想法，直到她明顯感受到從正職轉變成兼職的薪水，原來落差得如此劇大。但在那段過程中，她還是以全心照顧小孩的想法爲宗旨，就在某次陪小孩讀書的當下，有一句話吸引了她的目光：「做一件讓世界更美麗的事情。」於是那一刻，幸滿突然開始自問：「人生存在這世上，到底眞正追求的是什麼？」後來她有了明確的答案，即「健康」才是存在的一切根源。當這個觀念開始不斷在她心中出現，幸滿開始有了耕種有機作物的想法，開始耕種後，她便漸漸產生創業的念頭。持續耕作一段時間，幸滿的先生也將教職工作辭掉，轉而專心與幸滿共同從事有機耕種。幸滿坦言：「我們決定從事這個工作後，先生就辭去教職。初期種植時，其實眞的非常的辛苦，甚至還遇到慘賠的時候，如果那時候問我當下的心情如何，我可能認爲：『從學生一路到此刻的感受，我遭受最多質疑或不被肯定的狀況，無非就是從老師轉變成農夫的那段

只是想分享這樣美味人生

時期，因爲身旁的人，全部都認爲你們怎麼會做這樣的決定？甚至家人也喜歡用反話的方式去關心你。』我必須說，雖然當時心裡承受的壓力相當大，但當你眞的用心想做一件事情的當下，貴人就會從無形之中出來幫助你。」

當幸滿從事有機作物後，她更加興起創業的想法，雖然一切處在百廢待舉的情況下，但是這都無法阻止她已經設定好的目標。她笑著說：「那時候高餐的老師，剛有好一個『輔導畢業校友創業』的計畫。當我決定在這塊土地上蓋房子創業後，我的貴人又出現了！現在愛思家樂的廚房設備，有些都是以前高中的老師免費送給我的，連裝潢的設計師，在不斷修改的情況下，竟也變成相當要好的朋友，所有在創業時產生的瓶頸，在那時剛好都有貴人及時出來幫助我。當你生命中的貴人一直出現時，你只有感恩、只有做得更好，這樣才能不枉費他們如此用心地幫你。」訪談至此，大家了解到幸滿之所有這麼多的貴人出手相助，並不是運氣成分居多，而是她在過往的努力下，別人看見她値得燦爛的價値。有時候，當自己百分百地做好時，其實就是一種最棒且踏實的行銷，因爲在別人的記憶裡，或許就鎖住這個「認眞」的狀態，等

輕輕敲碎祝福的封印，從此美好一生

到我們眞的需要幫忙時，那些人會非常樂意伸出援手。

家變成腳踏實地的夢想

在正式開店以前，幸滿有試賣三天的想法。她說：「開店那一段期間，是現在回憶起來最辛苦的過程，一開始還沒開業前，會擔心客人到底會不會上門。於是在大年初一開始試賣時，原先擔心的問題，反而變成另一個問題，那就是客人太多了！第一天的客滿，讓我們驚覺到『這個情況是你想要的嗎？』在我試著去做調適之後，竟發現到當初開店的念頭，其實只是想有更多時間陪伴小孩。後來發現這根本沒辦法做到，甚至試賣的期間，我們忙到無法幫小孩洗澡。」回顧這段創業初期的艱辛，從幸滿淚光閃爍的眼睛裡，我們看見她曾經受挫滿身的時候，於是每當她有難解的挫折時，她都會與老師分享這段過程，她知道「老師的鼓勵」一直是她能量不斷回充的來源。如果說幸滿從高餐四年中，她帶走了什麼？或許「老師的心」就是最好的答案。她笑說：「當你遇到困難的時候，你心中會直接想到高餐的老師們。很奇妙的

拿手招牌菜的限時供應

是，他們也眞的會接收到這份訊息！同時給你很棒的回覆。」從這段話裡，幸滿確實拿走一份很特別的禮物，因爲她本身就是一位相當特別的學生，因此在老師的心中，才會一直惦記著這位畢業很久的學生。

開店一個月之後，幸滿意識到自己要調整營業的時間，這個改變，讓她開始有更多的時間去重新思考自己的節奏，在照顧小孩與持續種菜的兩件事情上，她找到平衡點。在這些過程中，也興起她決定要慢慢與客人建立關係的想法。四月開始，她親自走向客人，從服務中去得到客人的信任與滿意。她表示：「現在店裡有很多客人都是熟客，我常常笑說，自己的客人有些是老師，因此我常常開口都稱呼她們老師，久而久之她們帶來的客人，我也都叫她們老師。後來有客人告訴我：『你知道我爲什麼喜歡常常來你的店嗎？那是因爲我喜歡聽你叫我老師。』甚至還有客人因爲我常常叫她老師，而送我鋼琴！這些都是我意想不到的收穫，但看著客人的持續地回流，就是對我最好的肯定。」

在每個創業的過程中，轉捩點就是一條分岔口。對於幸滿來說，這些轉捩點有些是她樂意去勇敢挑戰，有些則是她不得不退讓的困頓。樂意面對的，就

感謝一路扶持我的所有師長朋友

像改變對客人的服務方式，不得不妥協的，就像員工的離職，人力不足的困境，甚至是夏季作物的不易耕種。於是當幸滿開始回歸到最初想創業的夢想時，她說：「開這家店，原先我是爲了小孩，雖然有自己的部分夢想，但當我們遇到的問題，開始衝擊到我們的初衷時，可能會選擇改變。例如廚房都是我先生一個人負責，因此這很難做到所謂的ＳＯＰ。有時會思考到底要不要再繼續做下去，因爲我的身體也漸漸有了狀況。那時就會開始意識到：『還是一直供餐嗎？還是持續不斷賣命的工作嗎？』後來我體會到健康才是最重要的，於是我就採取預約制，且滿了就不再接。我們將它轉型成我們最想要永續呈現的樣子，最遠程的目標是變成一間圖書館！創業或許只是在這過程的中程目標。」看著愛思家樂，看著幸滿堅定的眼眸，她清楚明白自己倘若不去做些改變，還是以同樣的方式經營著，如果有天她疲累得承受不了了，那愛思家樂該如何永續發展？她又該如何服務客人？因此，幸滿決定調整營運的模式，開始有了公休、預約、客滿不接的新變動。但唯一不變的是她定義愛思家樂的存在，永遠都是那樣輕鬆恣然，像家一樣的溫馨美好。

訪談尾聲，我們對於幸滿的名字，其實懷著相當熱情的好奇心。她對此解釋：「我的名字常常會讓人有幸福美滿的意思，但這個意思要心中也如此認定才可以。就像一個人的價值，並不是學校給的成績，也不是透過比賽或證照去證明，而是你要保持一個正確的態度！它會讓你無論去到哪，都能創造出更多價值。就像當初考進高餐，我喜歡穿著制服搭火車的那種感覺，那種自信讓我覺得很踏實，再透過這份踏實的努力去影響更多人。」從高餐到任教，再從任教到自耕農開店，幸滿一直如她的名字一般，帶給許多人幸福美滿，從耕耘的方式中耕耘夢想，就像四季輪替般，總會在最合適的季節下得到豐收。在幸滿的愛思家樂發展下，我們也看見它不斷改變的模樣，這些改變，都只會更貼近她最想分享的初衷。回顧她在一開始受訪時所說的：「我生命中有許多貴人，他們都是我永遠會心存感激的美好事物。」因為感激，而讓這份幸福美滿能夠產生更大的影響力。最後在幸滿的小小請求下，我們也將她心中一路銘記於心的感謝名單，作為本次訪問的精彩句點。她寫道：「請務必幫我寫上一路幫助我成長的這些師長。從高職時期的何淑媛老師，到高餐時期的潘江東副校長、張明旭研發長、蘇衍綸主任、葉連德老師、陳建龍老師、徐永鑫老師、廖漢雄老師。謝謝老師們一直以來的扶持與鼓勵，幸滿非常感恩！」

生活就像所有的原物料，純淨美好

16

臺南

鵪鶉鹹派

食魂的昇華・24種夢想的上菜方式

手作　浸釀　上菜

讓旅行的味道在臺南飄香

採訪餐管系畢業的吳瑋卿同學當日碰巧是個雨天，在徒步前往鵪鶉鹹派的路上，雨水似乎讓這城市的街景變得清幽。就在尋訪之間，步伐也不知不覺愜意起來。在慢步徐行的探索中，一個轉彎處，我們看見了鵪鶉鹹派！從外觀上細看，它簡潔的門面中，襯著一道木頭門，彷彿讓人佇足在異國小餐館的環境。一推開木門，右邊是一條筆直的木頭吧檯，色彩多澤的酒瓶在入口處閃爍；左邊則是一道斑駁的白牆，上頭掛滿許多藝術插畫，在柔和的燈光下，這氛圍也使人的內心格外寧靜而舒服。令人懷疑自己是不是來到另一個國度？但門外的世界，依舊是臺南市府前路一段，這樣的錯覺，直到瑋卿一句：「歡迎光臨！」才將人從異國喚回臺南。

「鵪鶉鹹派」一店的特色，在進門時已經感受到。我們好奇地問了瑋卿：「鹹派的源由大家都知道傳承法國，那是如何以鵪鶉作爲店名的動機呢？」瑋卿回答說：「就是因爲店小小的不算大，且不用半成品，任何製作都能自己來，而且我們想傳達的是：『麻雀雖小五臟俱全』的概念。當

餐　　廳：鵪鶉鹹派

（臺南市中西區府前路一段126號）

校　　友：吳瑋卿（90學年度二技餐飲管理系）

時就覺得鵪鶉這個名字念起來很順口，與我們很合，就大膽使用它了。」才剛剛回答完這問題，瑋卿又笑著說：「但每當我詢問客人想吃什麼口味時，每位客人都不約而同說：『我要一份鵪鶉鹹派！』我只能笑笑回答他們說：『那個只是店名而已啦！』不過這樣意料之外的結果，也讓人有另一種不同的驚喜，挺不錯的！」

透過瑋卿的解釋，傳達出命名的深層意義，不只有自我與店名之間的特別意義，每位客人的認知也都賦予店名新的詮釋。雖然剛開店時，大家的認知是一

你想像中的臺南，這裡給了你什麼感受

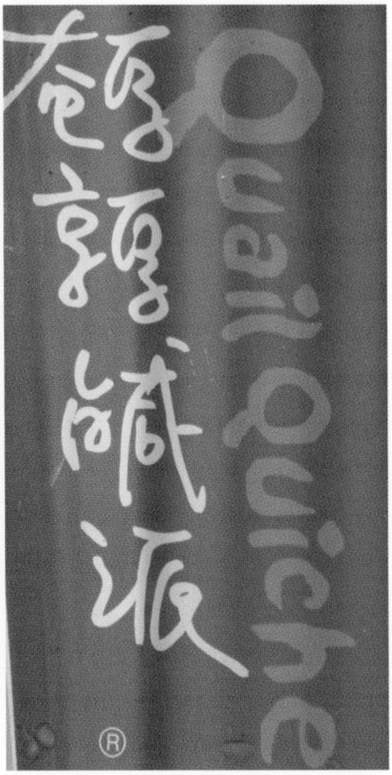

不讓旅行的記憶，霸占成為一種獨享

間專賣鵪鶉的鹹派店，但由於瑋卿的巧思，讓大家原先的認知有了不同的驚喜，進而願意嘗試新的口味，從此，店名即呈現出瑋卿對料理的意義，就是「巧而美」。透過小小的能量綻放，呈現食物大大的感動，這種精巧的料理，帶給我們的感動與品味亦是無限持續，只是因爲旅程中愛上法式鹹派，而決定在臺南開一間法式鹹派的店。從法國到臺南，透過瑋卿的廚藝，將它們包裝在創業裡，只希望能傳達出鹹派最巧而美的料理原味。

困難是夢想的專屬教練

在見識過瑋卿店內的特色後，關於她個人的求學生涯與創業，在這二者銜接的過程中，我們對瑋卿皆深感著佩服與肯定。因爲二專念的是景文，在從景文跨到高餐的路，以及到創業的路來看，每條路所迎來的挑戰，都是不斷進階與翻倍的困難。瑋卿也坦言：「從景文到高餐的階段，的確是很幸運也非常戰戰兢兢。在景文時，我的成績並非頂尖，當時有同學邀我一起考高餐二技，我也就跟著他們一起努力念書。當時高餐除了筆試之外，還有口試這一關，但我在筆試

這是舊屋，裡面也放了一個幾十年的夢想

的挫敗下，確實呈現一個力不從心的狀態。我直覺認爲自己怎麼可能考得上，因爲與我一同衝刺的兩位同學，成績都很好，當時心中那種自我貶低的心態似乎又更高了些。直到口試結束後，我才發覺自己的表現其實沒有到完全令人失望的狀況，只是考完試之後的那段空轉時期，我感受到等待放榜的煎熬。除了家人的關切之外，還有同學之間的微妙比較，更難以克服的是對自己的自信崩落。在這些種種未知的疑慮下，我根本無法想像自己有一個能清楚掌握的未來。直到放榜的那一刻，我才知道高餐終於進入我的生命當中，或許那時喜悅的溫度，總在錯愕之後才漸漸回溫，那些與我一同應考的同學之中，最後也只有我上榜。這樣的結果，是始料未及的豐收，我只有以更加謹慎的心，去負荷眼前這一切未知的考驗。」瑋卿在這一段獨白中，想傳達的是雖然她當時對於自我的質疑相當重，但她質疑的原則，是來自一種自我掌握與發揮的絕對謹慎。她深信唯有眞切把握自身原有的經驗與能力，再透過這些屬於自己的履歷，去進行最大價值的發揮，才可能戰勝這場勝負難分的硬戰。她在口試中拿到將近滿分的成績，並且從中認知到高餐，確實是一間實務與理論並行的學校。

澄亮的空間下，要不要帶走一份好心情

進入高餐之後，一切並非如想像中的順遂。瑋卿坦言：「許多的課程比自己認知上的還要廣與深，兩年的時光所得到的收穫也紮實得像是讀了四年。一些挑戰性很強的專題課程，可能會讓人整個學期都陷入一種低迷、瘋狂又壓抑的狀態，又或者是遇到高標準、高水準的老師時，對於他們的課程，你也不能馬虎看待。我的人格特質是『識時務者爲俊傑』，因此即便面對這堂課，我也有我能掌握的部分，再從中去得到老師的肯定。」在面對高難度的課程或者高標準的老師時，她的確做過抗衡，也想試著妥協，只是種種方法下來，只要順應且接受，才會讓自己的心態回歸一種「學習」的狀態，在瑋卿的描述中，也許可以將這一類的挑戰，視爲一種困難級的生存模式。在面對困難級的老師時，因爲有著他們如此高壓力、高密度的鞭策，我們才得以在高標準的規範下，磨出一種超越凡人的「耐受力」，至少瑋卿知道在這麼困難的情況下，她該展現怎樣的能力來讓自己生存下來。

對於困難級的課程，瑋卿也是用同樣的方法面對，她說：「二技最痛苦的時光，是每次上專題的時候，我的思緒嚴重被壓迫，我整個人變得很緊繃，所有要面對或需要解決的問題都像是沒有出口的困境，

放慢追逐生活的步調，回到此時此刻

我被困在其中。因此有一段時間，我陷入非常神經質的狀態，這樣的影響，使我對於研究所的想法產生卻步，甚至爲此我連畢業典禮也沒去，因爲我不確定自己能否畢業。」談到這一段往事，讓瑋卿很不好意思地一直笑。但透過她的分享，我們能夠整理出，困難級的課程，大概只有幾個小時，時效頂多幾個月，課程結束後就不再有，直到困難級的模式以另一種形式出現，那就是創店或就業之後的「困難級客人」。這種名詞的衍生，是從學校畢業之後的另一種職場學習。瑋卿有感而發地說：「困難級的客人，眞的無法防範。因爲他們是基於一份很高的期望才前來的，因此表現出來的態度或形式，可能就是高標準、高品質的呈現，你不能不歡迎他們，因爲他們也代表某一族群的客人。」

在經歷過困難級的老師、課程之後，緊接著是困難級的客人。客人有千百種，服務態度的伸展愈能由低到高，所能服務的客人層面也就相對更完善。走出校園後，我們雖然離開困難級的老師與課程，或者是說當我們還是學生的時候，我們是握有選擇權的，能選擇困難、普通、簡單的關卡模式，但走進職場創店之後，我們無從選擇客人的素質與族群，儘管能用價

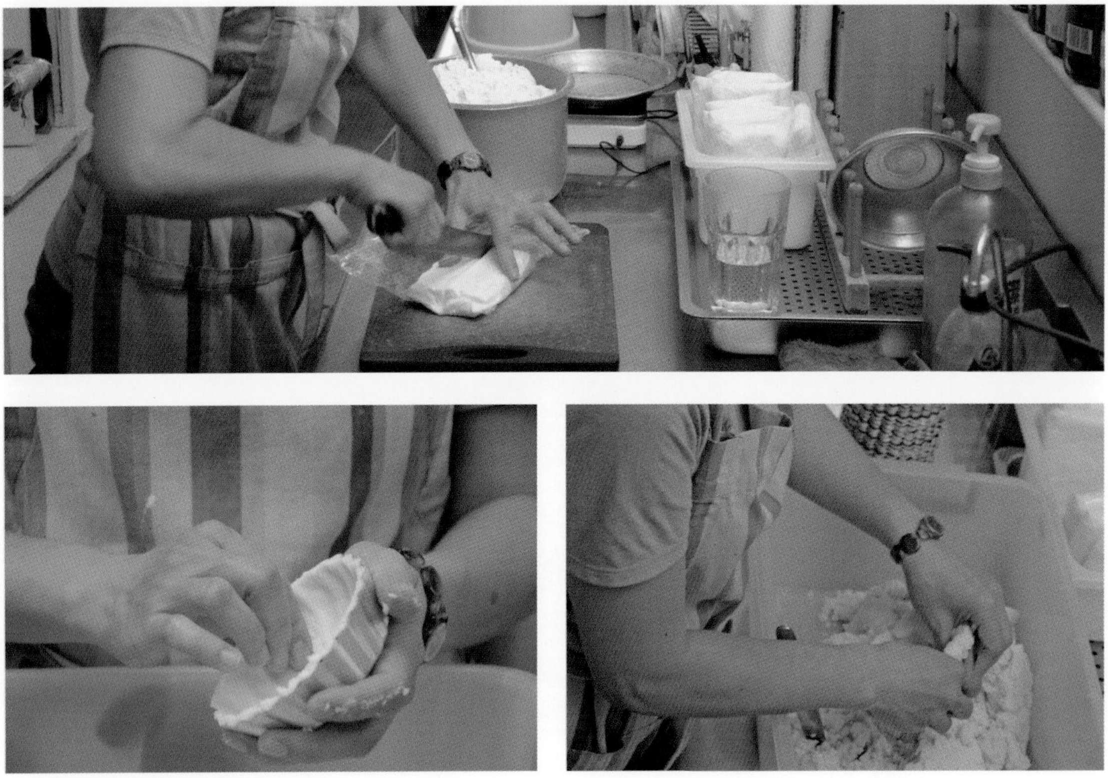

抓緊的是夢想，出爐的是理想

位去篩選客人，但愈高價位的餐點，愈該呈現的品質與水準，就愈是往上提升，一家餐廳的服務、料理、氛圍都是決定客人是否二次消費的意願。

困難級的訓練可以說是一段增強自我防禦能力的最佳時期，在學習的過程，我們不能只偏向一部分的專精。雖然以廚藝來說，我們可以要求自己專心做好一個強項，但該防禦的時候，我們卻無從得知挑戰從何襲來，因此適當地將自己放置在不同程度的考驗，我們一定能從中迅速了解自我的弱點、致命傷是什麼，有時弱點與致命傷，是怎樣也無法完全克服的，但至少要練習受傷的感覺，去體會那種臨場的痛覺。因爲我們愈害怕它，它就愈有辦法影響我們，甚至毀滅我們。因此，趁著學生時期那種受了傷即能快速復原的狀態，把握這一段茁壯期，勇於面對挑戰。這跟我們的人生很像，年歲愈長，愈難以承受被否定的勇氣，因爲我們身上多了一份歲月，也多了一份資歷與定位，這些事物加乘算下來，我們好像只能錯誤更少。因爲在允許犯錯的時候，我們因爲害怕而不敢去犯錯，等到不能犯錯的時候，沒受過錯誤洗禮的人，即便他/她的專業能力相當出色，也像是一件價值連城的易碎品，不堪一擊。

忙，不就是夢想的動詞嗎

瑋卿分享一段話：「有時候我們不一定要克服，但一定要學習適應它的存在與習慣它。我們都需要有一顆『能受挫的心』，尤其創業的人，最需要的莫過於這顆心。」誠如瑋卿的分享，在大學時期，我們應當要積極去鍛鍊自己的內心，使它逐漸強大，除了習慣與錯誤相處之外，透過了解錯誤背後的原因，無疑是我們終身該奉行的修正方式。因爲人生的路，就像一條單向式的旅行，每次冒險所需的工具都不同，你永遠無法預料下個挑戰需要什麼工具。因此，趁著你還有體力收集克服的工具時候，別只逗留在沿路的風光明媚，很多事情是沒有回頭路的，回頭的代價總是特別的寂寞與昂貴。人生的追求就像一張永無止盡的清單，對外的追求，它或許可以是一張畢業證書或乙級證照等；對內的追求，它是一張不斷延伸的投資，我們所做過的訓練，皆會記錄在這張隱形的清單上，它會爲成你創業的隱形資本，就像多啦A夢的百寶袋，在危急時總能適時拿出法寶解決問題。我們該追求的是，累積廚藝專業上的精進，對於創業的人，更需要大量去累積許多不同的能力範疇，至少要做過、失敗過、體驗過，才會有面對問題時，臨危不亂的處理態度。

讓付出變成一種踏實的美味

夢想守門員：攔住現實的突圍

對於自我的夢想，想必都是自己內心一幅特別的藍圖，但爲何夢想多半只能存在於意識當中，這是因爲有太多的夢想，一旦放在現實就容易氧化老去。防止夢想氧化的方式，其實有許多種。以瑋卿爲例，她表示：「我雖然是一個非常夢想派的創業人，在我決定創業時，就已確立許多核心的標準。這些標準都是我堅定的夢想初衷，如果因爲現實因素而選擇放寬自己設立的標準，那夢想就不再是如此純粹的夢想，儘管我也知道創業之後，要面對大大小小複雜難理的事情，它會扭曲對夢想的堅持，甚至會開始質疑自己：『再堅持下去，到底還有什麼能把持住？』但創業七年來，我對自己所堅持的那些夢想初衷卻甘之如飴。起碼我還能看著自己的店，每天正常地經營，有熟客鼓勵，有過路客給予驚喜，有太多甜美的感受，它們能夠中和現實所分泌的酸苦。我想告訴學弟妹一個不變的事實，那就是『錢才是最重要的，沒有錢什麼都難以延續！』或許這麼一說，會讓我自己陷入矛盾之中，但我確實也深陷在這擺脫不掉的矛盾中，去延續自己經營的法式鹹派。因此，即便到了這個當下，我

走得累了，就好好品嘗一份美食吧

也還是在矛盾與堅持之中，不願與現實妥協。」

從瑋卿的話中，我們得知，或許從現實的角度看下來「一切從來都不是你的意志支撐你的夢想，而是錢。如果沒有錢，夢想只是一幅獨自欣賞的圖畫，但除了錢之外，還得透過自身的專業，才能在現實之中把夢想的藍圖高掛在現實的牆上，成了一盞獨一無二的招牌」。從現實面來說，夢想它必須倚靠現實的資本去支撐，如果沒有錢，就無法支付創店之後的所有成本，那夢想就只是一個打開燈，也不會亮的招牌。讓我們驚訝的是，瑋卿的夢想招牌，依然持續東升西落。因爲她的堅持、她的不妥協，夢想才得以很純粹地呈現，無論夢想是好是壞，它都是你的夢想，讓大家看到你的夢想之後，在他們的意識下，就有著你夢想的名字，夢想的名字一旦被認識了，它在人們心中就是塊永不熄滅的招牌。你若堅持住夢想，你唯一能作的，就是讓它不斷發光。

這家店是身兼母職之後才誕生的。瑋卿說：「在小孩兩歲後，我突然意識到自己還有一個夢想未實現，它依然是我人生清單裡的第一順位。因此透過多年的工作經驗，再加上自己覺得沒有最好的時候，只有最確定要執行的時候，因此就開店了！當然我要告訴學弟妹的是，當初我在定位我的產品時，市場的接受度評估大概占70％，剩下的30％才是夢想發揮的空間。我一開始選擇往大家都不曾發揮過的產品路線去執行，當我抓到一個產品的核心概念時，我就設法在這主題下，去進行更多的變化，主要就是想給客人一種驚喜不斷的想法。因爲我覺得能夠有別於多數創業家的思維，逃脫SOP的制式與呆版，認爲餐飲是件有溫度的事，直到出來創業後，那種實支實付的回饋，這整個過程的付出與心力，都是冷暖自知的。

用一身孤獨扛起夢想旗幟

從高餐畢業的瑋卿，其實有一段黑暗期，她說：「考進高餐後，我在修專題的課程中，開始有了無限的壓力，這些壓力幾乎籠罩成夢魘，壓迫著我後來的發展。有一段時間，我一直呈現力不從心的狀態，即使畢業了，那沉重的陰影還是久久不能擺脫。」那時候的瑋卿，內心正呈現一種孤獨的寫照，有時候甚至必須站在陽光底下，那陰影才會縮小成一個小圓點，

一本巧思，點亮一盞世界的燈

美味與藝術，如同人生與美夢

但不可能一直站在陽光底下，因此瑋卿決定將自己寄身於工作中，從工作重新建立對生活的想像。後來，她確時也在工作的另類療程下，慢慢修補與調整自己的狀態。她說：「那時候，工作就像聚光燈一樣溫暖，它凝聚著一份安撫的力量，直接打在我身上，我才逐漸恢復原先的自己。」

創業之後的瑋卿，有許多的認知得到了推翻與更新，第一個是從高餐畢業之後的那股優越感。她說：「優越感不是強化玻璃，起初會以爲它能保護你的心，直到你第一次被質疑、被罵，那種心碎的過程，才康復成一個健康的自己，用自己原始的態度去保護自己，那才是最踏實的抵抗力與承受力。」第二個是外語能力，在高職畢業那年，瑋卿申請到德國擔任國際交換學生，短短的幾個月，重新建立自己對於世界的認識，因此她說：「外語能力是認識世界最快的方式，人生或許只有一次機會能夠奮不顧身的往上跳。第二次機會，或許就要等下一個時機，也可能要犧牲時間，總之趁年輕出國去看看世界，因爲高餐給我的國際觀，使我當時可以去德國，才有現在的鵪鶉鹹派。」德國的經歷讓瑋卿有了創店的主打商品——鹹派。這家店雖然小小的不大，但它就像一開始所描述

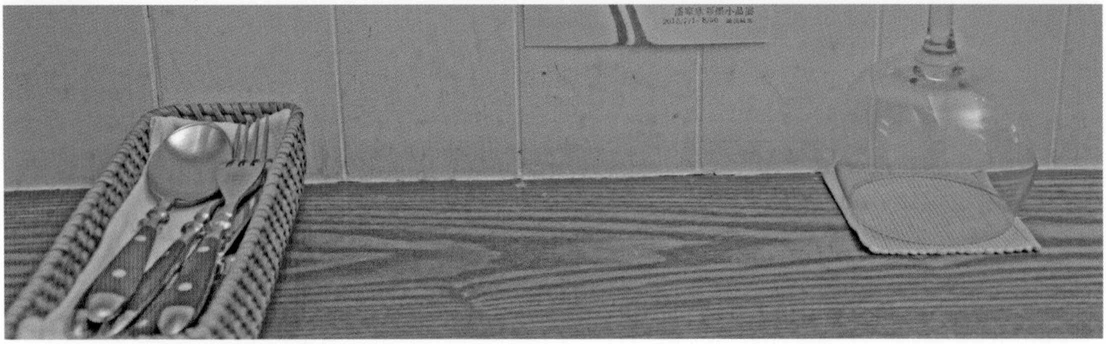

有多久沒好好與自己吃個飯呢

的「麻雀雖小五臟俱全」。一家店所帶給客人的感受，不會因爲餐廳的規模大小而調整分數，從鵪鶉鹹派在地方上所累積的口碑所呈現出來的能量，早已是滿滿的感動也無法說明的魅力。因此，當我們出國去體驗、進修的時候，別把這些感受放在記憶裡，在無法向別人描述清楚的情況下，它都是抽象的，因此當你認眞地爲自己實現夢想時，那就是人生最特別的一個印記！

訪談的最後，從瑋卿身上，看到一份樸實的心。她說：「我和我的丈夫，都不是那種很會行銷自己的人，因此我們只能做好自己的本分，如果別人覺得我們還不錯，那就是我們的價值，一旦受到注目，好不容易做起的來的口碑與品牌，無論如何都要保持住！」從瑋卿的堅持，又再度看見她不願向現實妥協的意志，就像一個寫著「此路不通」的路障。

她不願退讓，只因爲失去創業的動機之後，就像沒有根本的支撐，創業也就變成事業，或許改變可以帶來經濟效益，但那是現實的富足，在心裡的價值卻是貧窮的。如果妥協的意識不斷高漲，她害怕那放掉的速度，是無法掌握的，深怕這麼一放，堅持的就全部沒了。因此瑋卿認爲夢想有時比金錢還有魅力，她

感謝您曾拜訪走進我的料理夢

不後悔，因爲這就是她想要做的事情。創業是條不歸路，它若是回頭了，就是拉下鐵門，因此停留與前進，是每天必須抉擇，最壞的打算不是外在世界到底有多麼崩壞，而是內心那個從創業到疲憊，又從疲憊考慮要不要繼續的你。沒有任何人事物可以阻止我們的步伐，一切的始與終，都源於自己的意志。

夢想就像一幅美麗的圖畫，也是一幅拼圖，每片拼圖都是心中累積的堅持而存留，如果跟現實認輸，它可能必須沒收你原本珍藏的拼圖，即便從一百片拼圖中，只拿走一片，但它就是一幅不完整的拼圖。夢想的代價，必須要靠堅持的力量，去克服冷嘲熱諷。物質的價值有時效性，但心底的感動卻是一生不會氧化的價值。從瑋卿身上，我們看見她致力於拼湊夢想的藍圖，並且將這些心血，一同帶進臺南這座古樸的城市中，爲的是延續一份來自鹹派的美味記憶。

17

高雄

Bon Bon鄉村・慢食・小餐館

食魂的昇華・24種夢想的發酵方式

手作　浸釀　上菜

走向餐飲的第一步：休學！

李建明是這次校友受訪者中，年紀最輕卻格外令人矚目的新秀。國中畢業後，建明就讀左營高中英文資優班，那時，他只是個懵懂的小高一生，對於未來，其實並沒有太明確的目標，只知道要認真準備眼前密集的考試，最後念一所優秀的大學，這或許是每個人在這個階段多半具有的想法。直到某天，在與同學的課餘閒話中，聊到了未來。同學問他：「建明，你未來想要做什麼呀？」當時的建明突然想到，和思考準備大學這件事相比，同學這個問題更讓他值得好好細想。就在反覆拼湊與抉擇，建明發現「廚師」這個選擇好像不錯！於是在高一上學期結束，他選擇休學。

休學後，建明找了許多老師討論關於廚師這件事，在老師的推薦下，他得知高餐即將成立第一屆五專部。於是三月開始，他重新拾起課本，決定力拚一張高餐五專部的入場券。考進高餐後，建明表示：「第一年進來高餐，其實生活跟一般高中生一樣，有著許多基本學科的課程，比較不一樣的是，專一時我們要學中餐，專二開始要學西餐，在專三這年，則是

餐　　廳：Bon Bon鄉村・慢食・小餐館
（高雄市左營區立信路276號）
校　　友：李建明（99學年度五專餐飲廚藝科）

就把這裡當作一個溫暖的家

要面對烘焙的課程。透過這三年對每個廚藝有了初步了解，一開始我喜歡中廚，因爲我很愛吃熱炒，但眞正認識中餐後，我才發現中廚的料理範圍相當廣泛，到了二年級的西餐課，接觸到的東西多以香料的烹調法，還有不同的刀工料理方式爲主，這並沒有引發我太大的興趣，專三的烘焙課，也沒有多大的興趣產生。也許是當時學習的目標多以證照爲主，因此在摸索的過程中，學習的導向變成以考試爲主。」在體驗過每門廚藝課程後，建明也即將面臨選擇自己的廚藝方向。他雖然害怕選擇之後所衍生的不適合，但一切的不確定卻也在實習過後，更明確地朝向他眞正的目標。

他告訴我們：「升上專四後，要選擇自己的實習單位，那時在西廚系釋出的名單中，看到一間非常特別且有名的餐廳叫做：『Just in Bistro』。起初我對它的認知僅有兩個，第一它不支付薪水，第二它是所有西廚系的國手在參加國際比賽或大型比賽前，必定會趁著寒暑假時間，以no pay的方式進到這裡學習。因爲這間餐廳的特色在於它的餐點除了非常特別之外也具備高技巧的料理。對於即將成爲大學生的我而言，這是我非常嚮往的地方，詢問老師的結果，我只知道這間公司今年很缺人，到了眞正要選擇實習單位時，碰巧遇上學校規定實習的單位務必要支付薪水。我當時心想：『難道只能放棄這個機會了嗎？』在選擇實習單位時，我在校園的攤位中，看到這家公司，我就拿著履歷決定試試看。那時面試的老闆對我說：『我們不支薪的原因在於，我覺得你是來我這裡學我的技術，你付出你的勞力，應當是合情合理，不過學校既然有明文規定，那我還是可以支付薪水給你。』那時我眞的很幸運，就這樣進入這間西廚人都夢寐以求的餐廳實習。」得到這張寶貴的實習門票後，誠如建明前面所提到的，這確實是一間相當獨特的餐廳，從一開始擔任外場工作的他，面臨的是自己不擅長的工作站，在這段不斷修正的過程中，幾乎是將他整個人重新再改造。他最後克服了心態上嚴重卡關的狀態，進而在西餐的掌握上，獲得大幅度的提升。半年過去回到高餐，建明開始對西餐抱持極大的興趣，他的學長給了他一個很棒的提議，他建議建明能在高雄找一間西餐廳，繼續保持那份熱情。在學長強力的推薦下，順利進到高雄知名的小城堡餐廳工作。

笑著說起，那美味的初衷

我們也歡迎替人們指路的狗狗喔

一開始建明被指派的工作崗位是在外場，這項挑戰，有別於他過去多半處於內場的經驗。他說：「在外場服務後，你會開始感謝老闆當初的安排。因爲從外場中，可以看到廚房以外的所有事情與狀況，從中去鍛鍊自己的能力，等到累積至一定程度後，就能利用空班回到廚房，精進內場的部分。後來自己開店後，我也慶幸當時有這段外場的訓練，因爲外場的變化較大，同時也會讓你快速成長。」經由這次外場的歷練，建明認知到過去的他，或許只掌握了餐飲專業面的一半，雖然在適應與銜接外場環境時，他遭受不少挫折與考驗，但正因爲有這一段吃苦耐勞的時期，建明一切的基礎，包括邏輯、思考、判斷的能力，也在這兩年多來的歲月中，得以成形。因此在退伍之後，建明仍選擇回到小城堡繼續工作，同時也相當積極地規劃一項計畫。他說：「在小城堡時，我一直都很嚮往主廚的料理經歷，他在法國待了七年，而後又在義大利停留二年，最後才決定回來臺灣自己開店，我當時就有想要與主廚一樣出國進修的打算，但這個想法卻被主廚認爲我瘋了！因爲他告訴我：『我當時出國，是因爲早期資訊不發達，要學國外的料理只能親自到國外，但現在資訊發達了，你不用出國也可以

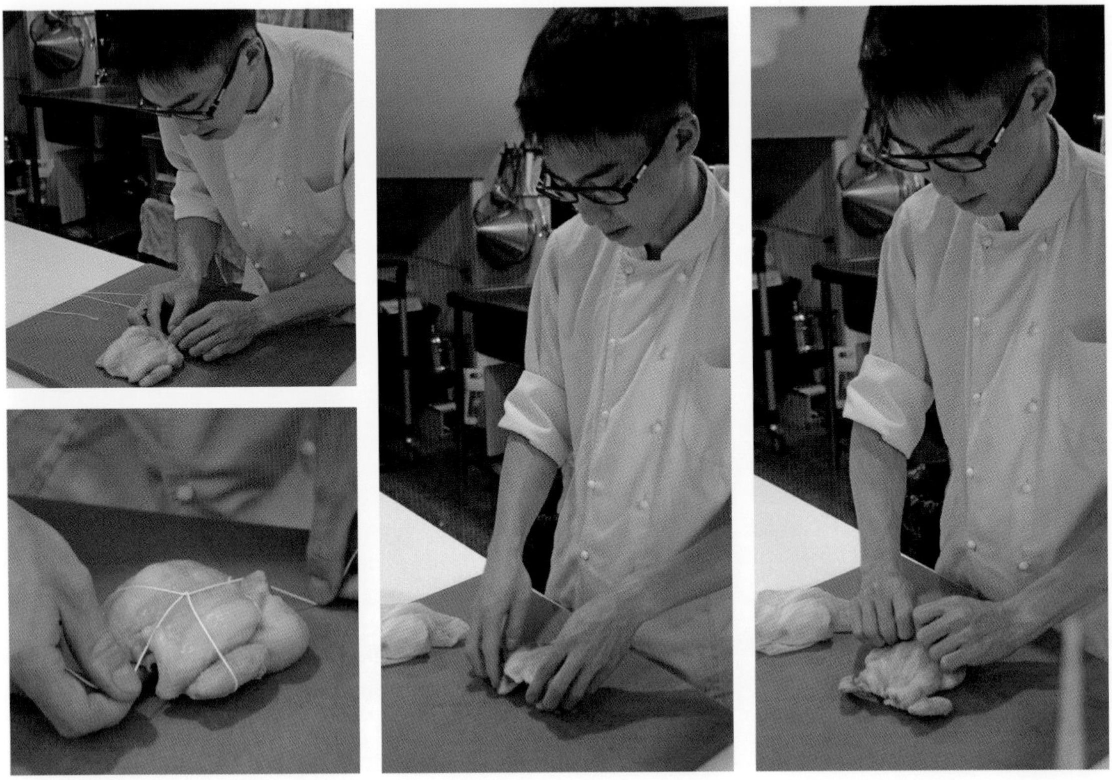

每個步驟，我都在超越自己

拿到你想要的食譜與做法，你現在要做的，應當是在臺灣建立好你的專業底子，等到你具備這些能力後，你再選擇短期或定期的方式出國進修，來更新你的技術與料理視野。』當時聽完主廚的建議後，我意識到自己必須要有屬於自己的舞臺來執行這些事情，於是我將小城堡工作辭掉，選擇自己創業。」

身價永遠來自你的產值

在擁有珍貴的實習與將近三年的工作經驗後，正式創業的建明，始終認爲他的人生，依然處在變化多端的狀態，不過他也強調這些狀態，並不是一種無法掌握的未知數，只是創業之後，面臨的就不僅僅是把料理做好這件事而已。他非常期望能和客人保持像朋友的關係，甚至客人之間都能相互聊天，彼此不陌生且熟識。在這樣的理念推行下，確實也漸漸形成建明心中所樂見的模樣，能有這樣的表現，他深深感謝過去的兩段經歷。一是實習、二是在小城堡的工作。他坦言：「專四開始實習的時候，我的表現其實很差，因爲我完全沒有法國料理的經驗，再加上當初面試時，我把自己行銷包裝得太好，讓老闆以爲我很有能

每一道料理，都曾經給了我驚喜

力，最後他們安排一個認爲我足以勝任的位置，但事實上，我根本無法應付這份工作，甚至當發生問題時，我只會認爲是他們沒有教我，才讓我發生這樣的錯誤。我會有這樣的想法，主要還是因爲我不願坦承自己的缺失與懦弱。直到在邁入第二個月，他們發現我的能力與技術根本應付不來。當時駐店主廚就告訴我：『建明，我覺得你這樣的表現，再待下去也不是辦法，要嘛你就重新找一間更適合你的實習餐廳，或者你調到我們另一間分店，從基礎開始學習，透過認識食材、認識料理的基本概念，來重新架構你的廚藝能力。』從主廚的話一結束之後，我就清楚意識到『當你沒有能力的時候，別人完全不會把你放在眼裡，甚至當你生病想要休息的時候，他們都會立刻答應你，因爲你沒有產值，你是一個可有可無的人。』於是調到分店後，我就慎重地對自己許下承諾，那就是重新打造我自己。」

在幾乎一無所有的情況下，建明來到了分店，他從檢討中將自己歸零，並開始積極地做起筆記，就連空班時候，他也保持積極吸收知識的狀態，一個月過去後，他發現師傅敢把工作獨立交給他執行，從這一刻起，他才明瞭「如果你沒有百分百投入在認眞做事

分享的，都是味蕾想複習的味道

這件事情上，你就是nothing」。經由這個啓發，讓他明白一旦開始工作後就要表現出工作該有的樣子，但是在這一段轉變的過程中，讓我們很好奇的是「爲何他能在短短一個月，就徹底改變自己？」建明答覆：「那一個月，碰巧遇上我十八歲的生日，我突然認知到應該是要開始對自己負責的時候，基於這個想法，便決心重新組織一個新的我。」就在實習結束後，建明決定前往小城堡餐廳工作。他也發現到，在Just in Bistro實習時，它所著重的方向，就是將餐點做好，而來到小城堡以後，它著重的方向是人。建明說：「來到小城堡後，它將我原先所持有的觀念一併重新建立，就以小城堡的餐飲服務來說，它就像量身訂做西裝，我們一開始有的只是布料，當客人上門後，就開始爲他量身製作，等到客人離開後，他可以帶走一套很舒適的西裝。因爲這份理念，讓我在創業後，堅持將它作爲店裡核心的宗旨與架構，我們希望每位客人在進來Bon Bon後，都能相當自在、放鬆，他甚至會有置身在法國某間小餐館的錯覺，但門外卻依然還是高雄市左營區立信路。」

回顧創業這一段辛苦的歷程，我們看到建明實習以後，獲得大幅度的提升與修正。他在高餐五年的學

慢食，提醒了城市的路，該休息了

習過程中，專四和專五是改變他最多的一段時期，小城堡的經歷也讓他重新再整合過去所累積的養分。從實習中，他學習到如何當一名好廚師；在小城堡工作中，他也得到一個很棒的認知，那就是世界上只有兩種人，分別是領導者與跟隨者。他知道不是每個人都是領導者或跟隨者，而是端看自己能力，來清楚自己所在的位置。因此「不適任就趕緊轉換身分」的意識，是他最想告誡高餐學弟妹的一句話。建明補充：「在高餐五專最後這兩年，大概是我人生中最精華也開心的時期，我知道如果沒有這段時期，或者將它從我的生命中抽掉，我整個人可能從此瓦解，因爲那是一個大量進步的時期，也是更加確定今後是否繼續從事餐飲的一趟修行。」如今走過這趟修行，建明得以從原本的一無所有到逐漸擁有。開店以後，隨著生意的開枝散葉，也讓他感受到：「我覺得要讓一個人進步，進而得到自己想要的東西，這份追求更大企圖心的力量，其實不是最強的。眞正強大的力量，是逃離痛苦的力量，因爲你知道現實在逼迫你改變，若不改變就沒有退路，因此在不能妥協的情況下，你會有所反抗，從中去突破這個困境。」從建明的感受中，我們發現有了企圖心往上升的力量，若最終無法再提

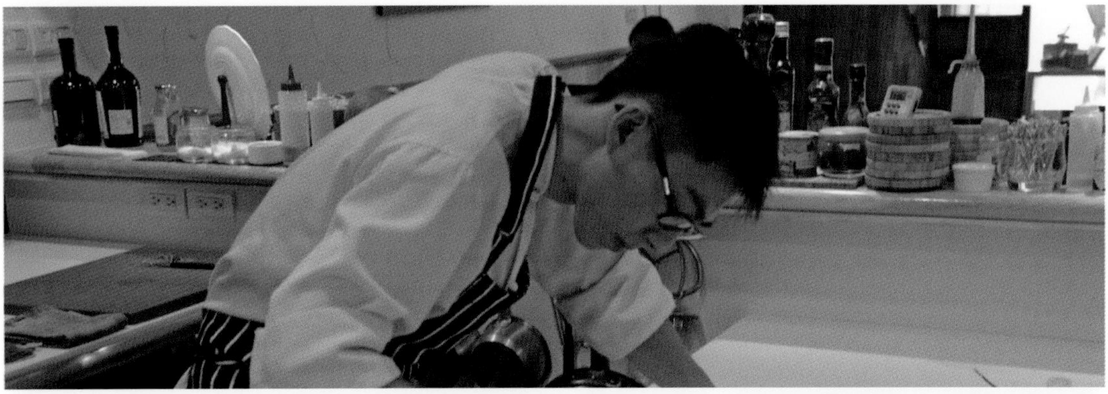

火變成最美味的魔法師

升，至少還能停留在原先的水平。但現實的逼迫卻不得不使人提升，這就是反抗的力量，總比渴望的力量還來得眞實強大的緣故。

與小餐館的親密期限

離開小城堡開始籌備創店的建明，已醞釀兩年之久。他說：「當我要從員工轉變成老闆的身分時，我要確保眼前這些計畫是可以執行的，因此除了準備創業預備金之外，我也開始計算每個月的獲利與營運要達到怎樣效益才能運轉生存，這些前置作業，每天都在細微之中調整修改。我想要以人爲本位，照顧好每位客人，造就是我們在設定上最核心的目標。」漸漸的，建明開始有了一份踏實且穩定的收入。他笑稱說是在替自己工作，同時也面對自己的客人，做自己想傳達的餐飲理念。他從不後悔自己做過的任何決定，因爲他深信無論別人對你有怎樣的評價，也比不上你對自己完全負責任還來得重要。對於夢想的追逐，建明一直以來都往實際的方向前進。他表示：「一旦出了社會，不用設想要爲誰負責任，開店之後，我更加清楚只要對自己負責，哪怕有一天我的生命突然結

關上門，感受一次法式的錯覺

束，我也不會爲此感到遺憾。我一直認爲年紀無關乎成就，在進高餐以前，多數人都是學生的心態，但隨著接觸餐飲業後，可能會開始接觸打工，從中必須要隨著環境去調整面對職場的心態。在實習與工作後，我確實也將自己的心態調整到可以面臨創業所遇到的困境，開店後，我們遇到的客人都很棒。」

對於建明在上述最後以稱讚客人作爲結語的同時，或許大多數人都不知道，其實他的「Bon Bon鄉村・慢食・小餐館」是沒有任何招牌的，他們唯一對外的宣傳方式，只有透過facebook，我們深深地感佩他的決定與選擇。在餐飲市場仍持續上升的趨勢中，建明以不同的方式來累積自己客群。他說：「我們沒有請過部落客來幫我們寫推薦，但會發現網路上自然會有我們的餐廳文，甚至問我爲何不想做招牌的原因，其實很簡單，就是因爲我們的宗旨是以人爲本位，我不掛招牌是不想讓奇奇怪怪的客人，或者是我們無法掌握的客人上門。因爲不知道他們是抱持怎樣的心態光臨這家店，在無法預想的情況下，我怕這些不安定的因素，會影響到我現有的這些客群。因此過路客不在我們的名單之中，我要做的是已經肯定我，且持續光臨的這群客人。」確實，光是站在外面，我們無法猜想這是一家法式小餐館。建明在設定客群的目的上，主要也是爲了保護客人的用餐隱私，每當開店時，他們會將店裡布置得昏暗些，可能只點蠟燭，開幾盞淡黃小燈，因爲他認爲做菜是一件很親密的互動，客人願意上門到這裡用餐，代表他願意將這一段時間完全交付給你。因此他要對待的，不只是客人的口腹之慾，更要讓客人覺得花時間在這頓餐點上，是非常物超所值的選擇。也因爲廚房屬於開放式空間，客人能看到自己的餐點從無到有誕生，最後沉浸在完全放鬆的狀態下，好好享受這份餐點、這個時刻。只是我們仍然有一點擔心，一旦將客群的範圍縮小後，面臨的即是相當現實的獲利問題。建明認爲：「一般來說，客人能選擇要到哪間餐廳，但餐廳爲什麼不能挑選客人呢？我竭盡所能讓客人享受這份餐點的最高價值，雖然也會擔心客人會不會上門，但它不是我顧慮的絕大因素。我還是相信用心款待每位客人後，他們會帶跟自己品味相同的客人上門，而且從過去經驗中，我的師傅告訴我：『要嘛你就逃避，不然就解

空氣隱約嗅得到鄉村的味道

軟木塞，留住了這空間的愜意

決。』這句話在我當老闆以後，我發現如果我不去做一些冒險或突破，我不會知道爲何發生變化。雖然會有瓶頸和難關的時候，但我都將它們視爲上天給你的禮物，在於你有沒有本事將它拆開。」

對於夢想，建明在最初曾懷有兩個方向：一是開店，二是出國工作，尤其以法國作爲嚮往的地方。在訪談的過程中，他也時時提到自己想要久居法國，不止體驗而是要深入當地的風土民情，只是在取捨之間，建明先開了這家店，而將出國的計畫，擱置在未來的藍圖之中。他說：「或許當時有受到小城堡主廚的那番話影響，而讓我選擇先創業。但因爲一直都在做關於法國的料理，會莫名對它有著想認識的衝動，現在雖然開了自己的店，也替自己賺錢了，回歸到最初開這家店的心態，其實有很大一部分是想結識朋友，而勝過賺錢這件事。當然努力後，存款就慢慢累積。等到時間與想法更明確了，就準備實現下個目標，最初在設定這家店的運轉時，我們將它定在三—五年的營業週期，在這段期間，我們盡可能地把一切做到最好。」

站在夢想的舞臺上，感受很棒

向未來許願的代價

一直有著獨特想法的建明，讓我們不禁想問他：「你從高餐帶走了一份怎樣的禮物？」建明則笑著回答：「我覺得是『熱情』，因爲興趣跟熱情是不同程度的喜好方式。當初考進高餐，只是對餐飲有著一絲興趣，但那都只是想像，在你接觸後，那才是最眞實的體會，而在這體會中，我相信絕大多數人都會認同：『你在做這件事情上，比做任何事都來得上手，興趣就產生了。興趣產生後，該如何讓它變成熱情甚至狂熱，那就是個人的天分與努力來決定。』因此當料理帶給我成就感時，我就想要持續這個動力，這或許就是我在進高餐後，才具備的一種狀態。」

從知道自己想要做什麼，到發現自己確實能把它做好的過程中，建明所付出的心力都給了他實質的回饋。從專科生到實習，再從實習到工作，然後創業，這一路上，建明愈來愈清楚自己的規劃與方向。他過好他的老闆生活，做好他想做的料理，服務好他的客人，對於現狀，他也相當滿意。甚至面對未知的將來，他也是充滿期待。他說：「我現在能掌握自己的動向與步調，其實要感謝過去實習的那段時光。我一

我是一名廚師，美味是我的使命

直認爲，當一個人還願意批評你，那就代表你可能還有救，我曾在實習時，面臨到外場只有我一個人，再加上那天是情人節，我的控菜順序變得相當混亂。那時老闆走出來，嚴厲地告訴我：『建明，在我身邊只有兩種人，一種是有能力有才幹的人；另一種是沒有能力沒有才幹的人，我不跟後面那種人一起工作，你自己想一想吧！』那一刻，如果我選擇後者，那現在的我，應該就不會有眼前這家店。有時候我會將目標視爲一種許願的作用，希望未來怎樣，就你必須要拿出怎樣的條件去進行交換，如果未來同意這筆交易，那它就會實現。」在建明的許願理論下，我們都知道那些條件，無疑就是努力工作或增加上班的時間，透過這些努力，讓未來的計畫能夠更加具體明朗。從建明的故事中，我們確實感受到年紀眞的無關乎成就，而是在於你願意花多少心力投資自己，願意付出怎樣的條件向未來許願，能否兌現，不是誰說的算，而是你有沒有務實去努力，去爲夢想爭取實現的可能。

The F 勇氣廚房
Courage Kitchen

18

高雄

The F 勇氣廚房

每一個完美食客・24種夢想的練習方式

手作　浸釀　上菜

兜兜轉轉的中廚之路

德俊的餐飲生涯得從高職就讀食品加工科的背景開始說起，高職便展開半工半讀的德俊，曾在茶坊中擔任過廚房工讀，透過在工作實際的操作，他對烹調的前置作業產生興趣，而對餐飲有了莫名的興趣。德俊也坦承，當時他的興趣其實涉獵得很廣泛，雖然對餐飲投入了一份潛在的熱情，但在選塡志願時，他按照自己心中原先設定的外語科系爲志願並以「國立」爲目標，可惜的是，他未能如願考上國立大學的外語科系。在此當下，他轉而將目標轉向餐飲科系，只是從食品科跨越到餐飲科的難度深不可測，且在經濟不允許的條件下，「補習」從來不是個選項。最後德俊仍是以食品加工科的學科作爲考試的方向，另透過推薦甄選的方式申請學校，在以「國立大學」爲優先目標下，他意外地發現高餐這所大學，並得知它在餐飲界的地位與名聲，非常嚮往進而積極展開追隨，德俊很幸運地錄取中廚系，也開啓了他從食品跨足到餐飲的里程碑。從食品加工科的基礎，到後來選擇外文系的志願，只因在升學體制下無法成眞，但德俊沒

餐　　廳：The F 勇氣廚房（高雄市左營區立信路88號）
校　　友：吳德俊（96學年度四技中餐廚藝系）（圖左）
李建達（96學年度四技中餐廚藝系）（圖右）

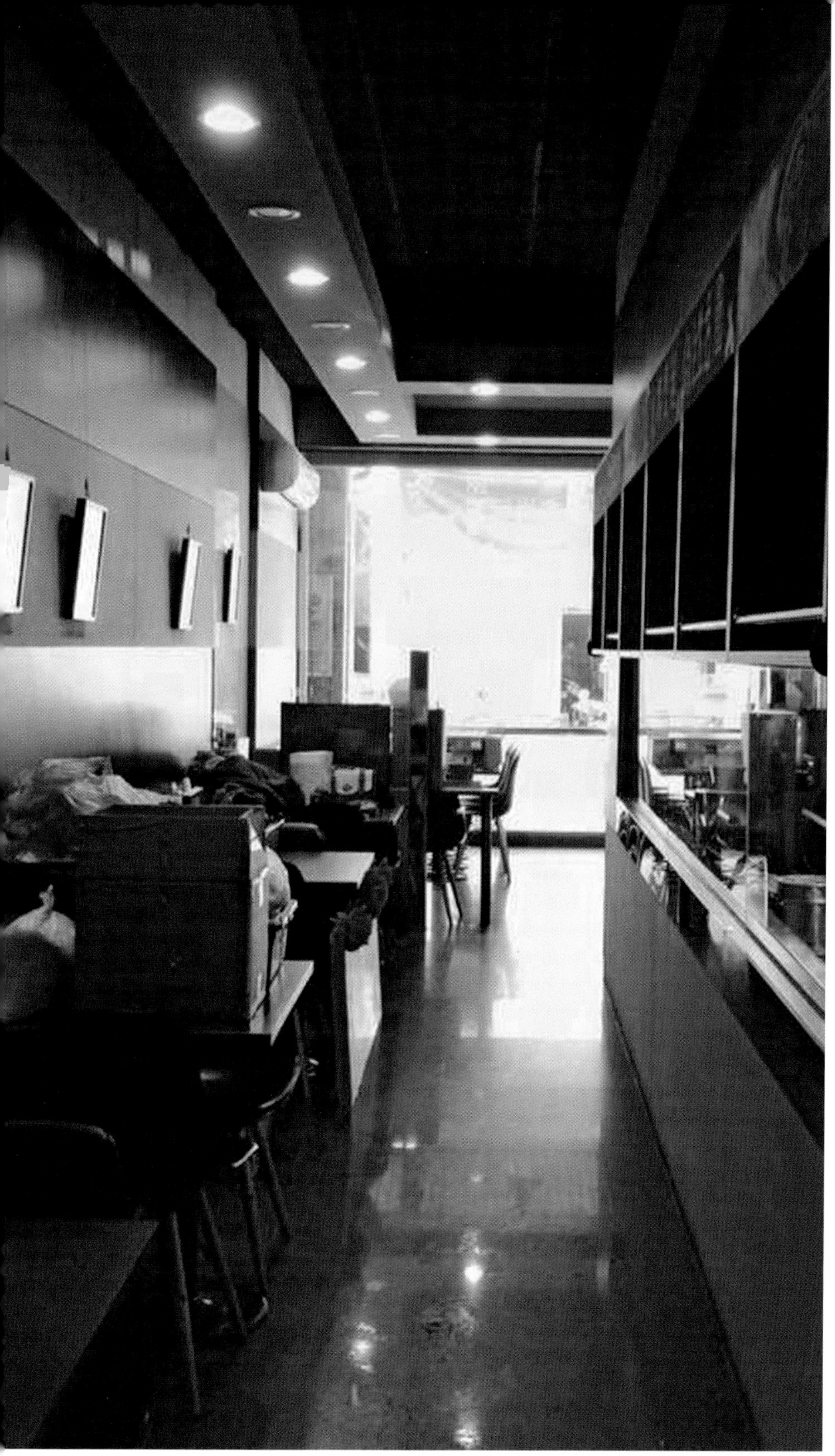

試著讓心中積存的勇氣全聚集在此

有陷入徬徨，因爲在高中曾待過廚房的經驗，反倒有了另一個延續熱情的選擇。就這樣，孤注一擲的餐飲夢，在逐一克服跨科的阻礙後，最終如願成眞。

收集創業的核心拼圖

進入高餐的德俊，最明顯且直接感受到的是同儕間的程度差異。德俊坦言：「就算我有高職三年在廚

面對餐飲，始終就是那無憂無慮的微笑

房的實際經驗，還是無法應付中廚系的課程，只要一碰到分組，尤其在四人一組的團隊裡，你會看到當每個人完成自己的料理，互相進行品嘗時，自己的菜未受到青睞，甚至剩下最多時，那種挫敗沮喪的感覺，其實是相當難過，但你也也只能獨自吞忍這種失落，再默默消化。」那時候的德俊知道自己落後同學的距離是短時間無法迎頭趕上的，他便決定先放大與強化自身的優點，以此長處作爲大學四年裡，一項項階段性的鍛鍊。德俊表示：「像是我的外語能力，即使我進入中廚系，我卻不曾有過停止充實的習慣，因爲我明白，多一個語言等於就多了一個世界。在大三實習結束時，趁著還有一段空檔，到美國工作四個月，等於完成了自己計畫中的小小心願。到現在畢業了，我能夠自然地與外國人暢談，甚至獨立完成需要外語的專案計畫，這都是我大一時給自己安排的自我提升的課程之一。」透過德俊大一時期充實語言的分享，讓我們知道，人生路上有著太多曾經奢望或璀璨的夢想，雖不是每個夢想都能伴隨我們的意志發展到最後，有時因爲現實考量，又或許面臨階段性的岔路必須抉擇，但只要心中持續凝聚這份熱情，並且時時努力灌注在這個夢想上。就像選擇餐飲的德俊，在看似

從老師到廚師，給了勇氣最好的故事

與外語的道路分道揚鑣時，卻又在大一重新拾起對語言的憧憬與熱情，憑著這一項階段性的充電，奠定了外語的提升與養成，在創業之後，它也成了德俊不可缺少的核心能力之一。

大二時的德俊，在這時期給自己所訂下的鍛鍊，是針對廚藝方面的精進，他開始積極接觸各項廚藝競賽，並在沒有預設立場的狀態下，試圖讓自己毫無保留地發揮。如此一來，他在沒有包袱下，徹底地釋放自己的廚藝，以達到最佳的呈現效果。他能有這樣的表現，也許是因爲在大學才接觸餐飲，在沒有既定背景的壓力下，他更能恣意地發揮。在大二這一整年的廚藝養成中，德俊擁有了比賽的經驗，同時也開拓自己料理視野的版圖。從比賽當中，德俊也眞實地體悟到：「比賽時所做出的料理，與我們在餐廳實際作爲商業用途的料理，其實有不少落差。」他說：「現在有很多人選擇餐飲，在臺灣也有許多大專院校興起大量增設餐飲科系，這或多或少是受到檯面上，明星廚師光環的緣故，而讓整個餐飲生態被包裝得太過美好，這會導致學生太著重於比賽的層面。但我必須說，通常這些比賽型或藝術型的作品，都需要很龐大的資金來進行包裝才得以呈現。這種商業手法往往都

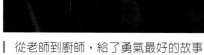

每個努力的聚集，都變成實質的鼓勵

是金字塔頂端的企業才有辦法執行，一般的學生即便有能力完成這樣的創意料理，卻也少了資金來行銷包裝。」在得到德俊的經驗談後，我們也得到另一種解讀比賽的意義，除了透過比賽，檢視自身的專業能力以外，從比賽的洗禮中，也讓我們重新定位自己的發展方向，這對一名廚人或創業者而言，都是一個很好的刺激。

緊接著大三面臨實習時，德俊選擇以宜蘭的渡小月餐廳作爲實習單位，這餐廳在中廚系的排名中是極具有挑戰性的學習站。但在喜歡接受挑戰的德俊眼中，即使它是一趟未知的冒險，卻也在期待之中揭開旅程的起點，來到這個中式臺菜最佳鍛鍊場的德俊，果眞體驗到一種高密度的廚藝功夫訓練。例如：跑關卡式的學習，每一個工作站都變成了學習站，唯有不斷地磨練才能表現出得心應手的從容。他說：「在實習時被師傅罵，是很正常的事情，甚至連空班時也不能睡覺，因爲要補貨備料。這些要求在當時都不覺得是要求，而是本來就要自覺到的一種認知，這些看似基礎的觀念，我覺得近年來似乎有逐漸喪失的趨勢，也是值得讓大家再好好省思它的去留與否。」透過大三的半年實習，德俊意識到要成爲一名獨當一面的廚

分享，有時是讓更多人知道我們的用心

師，其背後的基礎訓練與專業度的充實是同等重要的。因此他有了另一個計畫，就是換個環境再讓自己重新定位與學習，他選擇前往美國工作四個月，德俊說：「在這趟旅行中，我體會到，人一定要有自信，無關自己的能力是否可承擔起事情的重量，如果在還沒執行之前，就已經表現出挫敗的模樣，那結局也往往容易偏向失敗的局面。我曾聽過有外國人說黃種人都很笨的話，那時我心裡認爲最佳的反擊，就是用工作的能力去證明自己。後來，我確實也做到了。」在這趟特別的海外工作中，讓德俊體認到自己所認知的餐飲生態，與實際接觸後才感受到「現實不如想像」，其中有太多的潛規則、傳統思維根深蒂固、溝通模式僵硬、廚房環境的停滯等等因素。

因此從美國回到高餐的德俊，在大四的大學尾聲，他突然湧起關於「財務管理」的問題意識，對於理財這一方面，德俊確實沒有相關的能力支撐。因此他在此刺激下，開始積極參與各項有關財務能力的研習與訓練，例如：透過這些活動計畫，讓德俊擁有「富爸爸現金流」的理財觀念。在這一年所建立的理財知識，成爲德俊往後創業的基礎及教導學生的知識來源。例如：像是創業收入結構、資產與負債、財務

將臺灣的味道放進不同料理的表現

槓桿原理……全是他的收穫。總結每年度所設定的目標追尋與投資，德俊完成了四個階段的養成，從大一的語言精進、大二的廚藝突破、大三的實習成長、大四的理財規劃，這些無疑是課堂之外，自己投資未來的一種具體實踐。如今從德俊飽滿的笑容之中，也彷彿看見他獨自揮汗耕耘的過往。

永遠「歸零學習」，讓人生不斷F5

從高餐畢業且退伍的德俊，認爲自己在大學已經完成許多階段性的能力培養。在廚藝上或者外語表達甚至理財觀念的涉獵，皆具備了多方面的知識背景，因此他更加凝聚了創業的想法，只是他意識到創業需要資本，於是德俊定下先工作再創業的目標。半年之內，德俊從事了補教業，隨後又當起了業務行銷、飯店服務等不同工作。他說：「我當時每一份工作停留的時間都不長，或許有些工作是接觸了才知道是個經驗，但這也讓我在這六份工作當中，短暫學習到每個不同性質的工作背後的心得收穫。」從德俊的談話中，我們看不到他挫敗的一面，雖然這六份工作無法爲他累積創業的資本，但德俊在每一份工作當中，毫

記錄著每個成長的動力，有著不變的勇氣

無疑問地將自己設定成一塊海綿，讓自己的心態與節奏都可以「歸零」，而大量吸收他每一份工作的正向能量，透過這些工作的摸索與訓練，他獲得多方面的不同經驗的累積。這些看似一個個獨立的工作內容，卻成了他開始創業之後的能量，也讓這些無關聯性的經歷，全都串聯成自己能夠運用的知識庫，但那時，德俊對於未來仍是有著難以掌握的情況。因此在同學的推薦之下，德俊找到一份教職的工作，與現在共同創業的夥伴——李建達師傅，一同擔任學校老師，也開啓德俊將近兩年的教學生涯。

在看似與創業的方向漸行漸遠之際，德俊卻意外開啓另一條仍扣緊餐飲的道路。在教書期間，德俊坦言自己是一位很瘋狂熱血的老師，有別於其他傳統老師的教育理念。例如：學生想要在課堂間做別的事情，只要學生能夠說明爲何想做其他事的動機與意義，那他就會放手讓學生去執行。他認爲「一日爲師，終身爲父」的意義極其重要，因此德俊會將每個學生當作自己的孩子對待。當學生做出行爲偏差的事時，他會極力矯正學生的行爲，另在課堂之餘，教導學生具備基本的理財觀念，像是收入結構的知識還有資產、負債的定義，跳脫課本的知識，也讓學生除了

讓食物都能回歸到最自然的二字感動

擁有餐飲專業外的知識，同時也具備這些基礎的「人生職場學問」。

德俊從事教學之後，內心仍懷有一份對創業的憧憬，它不曾因爲走入校園而被淹沒沖淡。反倒因爲常常與學生分享如何創業，怎樣執行創業或者創業需要怎樣的條件等知識，讓德俊意識到自己還是以創業爲最終目標。因此他毅然放棄了教職，同時也想跟學生證明一件事，即是「如果學生畢業後回來學校，看到我還是講著這一套『創業學』的知識，卻沒有實際的作爲，我該如何讓學生信服於我所傳達的那些理念與經驗？」從事教職一年多後，德俊認爲時機與創業的條件成熟，便離開校園。他說：「當初的離開，只是爲了向學生證明與承諾，我確實能把這些理念應用在創業上。」

點亮以勇氣為名的夢想招牌

在人生的旅途中，總會有些人、事、物是我們內心不斷回充能量的泉源，它或許是一句話、一個畫面，也可能是一行眼淚，又或是一個背影。在德俊的人生旅途上，他指著手腕上的刺青說：「這個刺青，

料理的里程，因為出發而就注定燦爛到底

是勇氣的意思，從小到大每當我面臨許多挑戰的時候，我總是會在心中想著勇氣，甚至用筆將勇氣直接寫在手心。我覺得因爲我有了這意識的加持，讓我克服了許多考驗，我一直在想，如果到了十八歲，我都還沒想放棄保留勇氣這個念頭，我就要刺青，讓它一輩子跟著我。」當老師時，德俊幾乎都用護腕把刺青遮住，但這也凸顯出德俊的堅定。他說：「一旦有了這個刺青之後，我的工作選項就會受到限制，但這也會迫使我必須創業的決心。」看著德俊的勇氣圖騰，我們看見他的堅定與自信，或許是因爲內心深處一份踏實的力量，它引領著德俊，而讓他無所畏懼。

開始創業的德俊坦言：「一開始在價格的定位上就錯了，導致我們第一家店的成長始終很緩慢，甚至後來要更動價格也沒辦法，因爲別人已經知道你們這家店的價位。」第一次創業的衝擊，讓德俊有了清楚的認知，首先在餐點上要呈現高品質的專業，同時建立起客人的忠實信賴，在這之後，有好幾次的修改菜單與價格上的調漲，但仍不符合創業的成長趨勢。於是就在口碑穩定之後，德俊開始有意無意地告訴客人「遷店」的消息。這樣的決定，竟獲得許多人的支持，於是勇氣廚房就來到左營區立信路這個位置，同

每個青睞，關上燈的牆壁還是滿天星空

時也吸取第一家店的所有經驗，開創了第二次有別於先前的新操作。在經營的模式上，德俊的角色定位是從行銷、管理、設計方面負責執行，而建達的角色則是以產品的製作與料理的研發爲主。德俊說：「因爲我的夥伴廚藝相當厲害，所以我跟他配合時，我告訴自己，我一定要負擔他不能做到的事情，這樣我們的關係，才不會失衡。」在合夥經營的過程，德俊該如何讓自己的想法精確地落實在每個執行的環節中，而且是每個員工都能奉行與支持的。德俊告訴我們：「我在每個討論的過程中，都希望做到先教育思想，再來設定目標，進而達成共識。」透過凝聚共識的方式，讓每個人都能夠清楚德俊的理念，而不會陷入盲從的遵循之下。

在訪談的過程中，我們一直認爲德俊是一個很有自信的創業者，但德俊大笑著說：「我有超自信的人格特質！」這樣的表達，即闡明了德俊的創業家思維，也了解德俊以超自信的方式處理事情。他說：「當我們在執行事情的時候，有人會認爲你很認眞，也有人會認爲你不認眞，當認眞與不認眞的情況下都會受到批評時，那就不用太在意別人的眼光。」透過德俊的這一番話，點出了創業時，需要與不需要、在

述說身為廚師的酸甜苦辣的心情故事

意與不在意的拿捏。有時候別人的目光與言論是一種力量，它可能是阻力也或者是助力。就像一開始還沒創業，先選擇工作的德俊，在工作中時常遇到的情況是「自己有很多想法，但只會抱怨上位者能力比我差，而我又不能做好時，我就會極力去改變，不想變成只會動嘴講話的人」。在了解自己的性格後，德俊以選擇性的方式去接收自己所遇到的事物，如此一來，他能夠用行動去證明自己的理念，也能透過不同聲音的刺激，去深化且強大自己的能力。

只是從創業到如今的德俊，他坦言：「餐飲的門檻由低到高都有，舉凡小吃到飯店都在這個範圍，因此在整個餐飲大環境的不同訓練與規範下，普遍發現員工的學習意識不高，甚至即使有媒體來採訪這種特別的經驗時，人才的學習意識卻很低，不再覺得學會之後能做什麼。這樣的情形，大多是認定自己還處在學生或員工的心態所致，因此我們要求的門檻只能愈來愈低，如果要求過高，可能根本聘請不到人。」從德俊深刻的體會中，發現整個餐飲的環境逐漸走向標準下降的情形，雖然這也跟餐廳本身的文化有關，良好的餐廳文化，能讓員工意識到參與這樣的工作是好玩的，那麼員工付出的意願就會很高，甚至也不需要

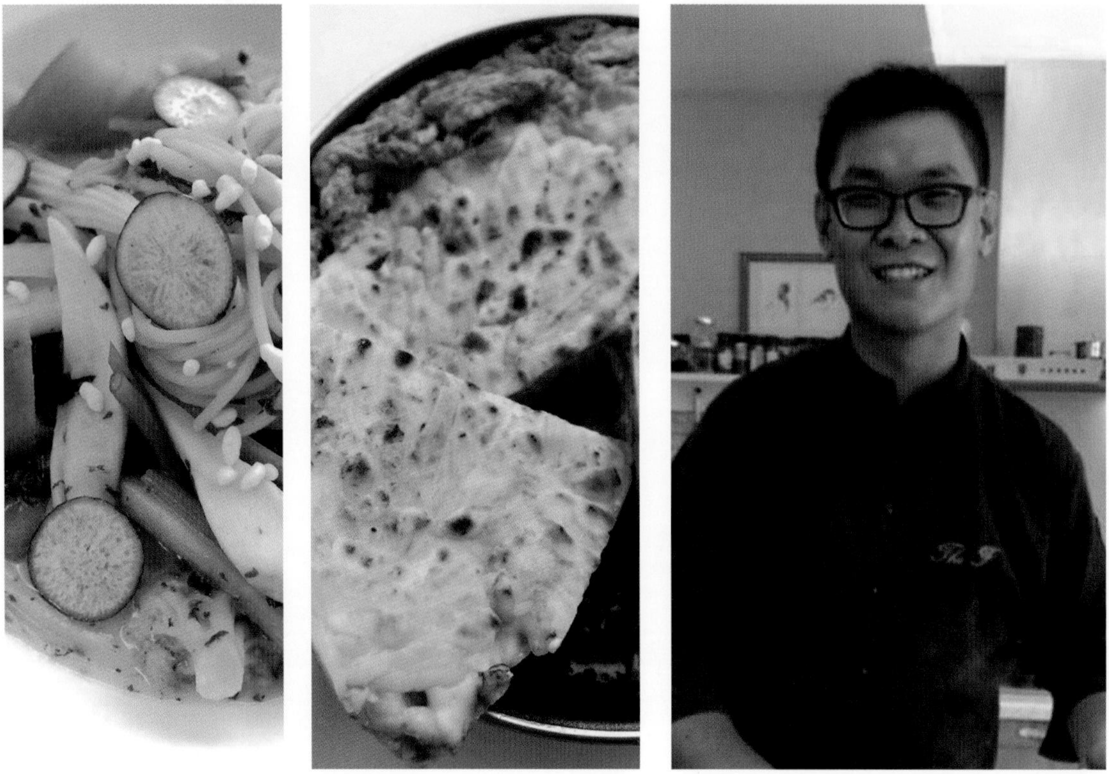

我們都是老師，同時也是勇氣的代言人

命令，因爲認同而讓員工的心態也改變。但在整個大環境下，德俊仍是希望透過自己的經營理念與創業感想，當作經驗分享。一方面同時鼓勵正在餐飲界茁壯的學弟妹們；另一方面也希望提出這些想法，讓更多創業者能夠正視這個現象。另外德俊也補充說明：「回歸到高餐，剛才所說的情況，就眞的少很多，我所接觸過的高餐學弟妹，在專業度的要求、禮節、音量、服務都是一等一。或許是引薦的或是主動來面試的關係，但至少我看到的是學弟妹給我們的質感還是很棒，畢竟高餐的層次，是一個高標準下精挑細選的結果。」

透過德俊的反思與回饋，讓我們好奇地問了德俊：「創業之後堅持下去的動力是什麼？」德俊不假思索地說：「財務自由與時間自由，這是我堅持的動力！」或許從高中即開始半工半讀的收穫，他很清楚自己在做什麼。而且在德俊的想法中，他認爲處在舒適圈是一件極其無聊的事情，他害怕退步或停止進步，因此目標的追求與挑戰，好像是他人生中沒有盡頭的一張清單，這也看出德俊喜歡冒險的性格，他說：「有太多人踏出學校後，就不再學習了，他們認爲學習是在學校才做的事情，但我必須說，畢業後，

讓心中的勇氣，能夠最為人生持續突破的原動力

我以歸零學習的方式，獲得許多創業的基礎。這都是因爲我持續在學習這方面不斷耕耘，從中我廣泛擷取獲利模式，以及權橫槓桿別人的時間、經驗、價值來賺錢。」從財務與時間的自由作爲出發點，讓德俊擁有更多時間在創業的突破。透過財務自由，德俊也知道自己並非靠著單一收入的方式維繫生活，透過網路行銷的方式，讓自己擁有第二份、第三份的收入，再從時間自由之中，讓自己有更多時間陪伴身邊的人，而不是一直努力賺錢，最後生病了又花錢在醫療上。從德俊的分享當中得知就算是以勇氣作爲生命的能量支撐，勇氣的影子往往就是恐懼的存在，唯有意識到人生就是要在不斷地克服中得到茁壯，而這份克服的力量，來自每個人心中堅持的力量。

The F 勇氣廚房 Courage Kitchen

19

高雄

莎士比亞烘焙坊

經典食客・24種夢想的醞釀方式

手作　浸釀　上菜

用夢想，來負責自己的選擇

如果你對於麵包極具熱愛與執著，那這間由高餐烘焙系團隊品質保證的莎士比亞烘焙坊，必是值得探訪的地方。回顧創業五年，一切從無到有的茁壯與發酵，好比麵糰所需發酵的過程，只爲了烘焙出一口充滿自己夢想中的麵包。初見面時，笑容可掬的慧樺身上即展現出莎士比亞烘焙坊想傳遞給消費者一份踏實的幸福與一口厚實的滿足。

如此堅定的信念，從慧樺未進入高餐前，就已表現得極致。她說：「要考進高餐眞的是不簡單，因爲我在高職念的是國際貿易，但我對於烘焙很感興趣，爲了忠於自己的志向，我在排除眾議下，選擇報考餐飲類群。」她在高二時，受到烘焙節目的刺激與誘發，使她一身潛藏的餐飲魂被激燃，即使受到家人極其勸說與反對，認爲餐飲在當時的社會定位與刻板印象皆偏向傳統，尤其又是女生，肯定承受不起這需要勞力的職業。

但慧樺毅然決然報考，家人只告訴她一句「你就不要後悔。」她

餐　　廳：莎士比亞烘焙坊（高雄市鼓山區美術東二路51號）

校　　友：高慧樺（92學年度二技烘焙管理系／100學年度臺灣飲食文化產業研究所）

王鵬傑（97學年度四技烘焙管理系）

說：「當時全班都報考商管類群，只有我選擇餐飲類群，在準備考試的時候是一段非常孤單的日子，因爲無法跟其他人討論考科，旁人也不知道自己狀態與處境，一切的感受只能獨自消化與承受。最後，我沒考上，我在家哭了整整一個星期。因爲我沒有丙級證照加權上去，只差那麼一點點，於是我決定重考，果然就考上了。後來報考二技時，又怕再度面臨落榜的情況，於是我非常努力準備，結果一考竟得榜首。」或

剛出爐的夢想，幸福得很飽滿

過程的辛酸苦勞，誕生的片刻就回甘

許因爲害怕的心態作祟，使得慧樺想盡辦法不讓恐懼侵害自己的未來。

她說：「高餐是改變我人生中最重要的一站，我很幸運的地方是，在高中懵懂無知的時候，已相當明確自己的目標，好讓我不用再苦惱未來。正因如此，我往後的每一步都很踏實，再加上成長環境不甚完備，所以就會去想辦法讓自己更獨立，才不被別人看不起。」從慧樺堅定的淚眼中那滴不願輕易落下的淚珠，就能體會出她血液裡一份剛毅的性情，無論是規劃自己的志向或選擇創業，她的性格已成爲她選擇方針下的基礎，讓她足以承擔困難的事情。這種性格的養成，應該從年幼失怙開始，加上受到金錢上的紛爭，她被迫提早適應社會的現實面。或許就在那一瞬間，慧樺的心底早已經埋下一顆種子，隨著不斷的耕耘，如今已長成一棵能讓她看得更高遠且擋禦風雨的大樹。

慧樺在流淚之後，重啓她的招牌笑容。她語重心長地說：「要永遠記得自己是誰，我們的人生，自己才是主角，有時別人看不到我們的努力、不肯定我們的時候，我們還是要肯定自己，替自己拍手鼓勵。」或許人生路上，看戲的人太多了，但自己給自己的掌

一段又一段不同的溫度挑戰

聲，才是打進心坎裡的勇氣。所以當我們疲憊不堪的時候，就想想自己都克服這麼多了，所有的堅持不僅是對自己負責，也是讓一直默默關注、在意我們的朋友知道「我還在夢想這條路上，堅持走下去！」況且無論別人怎樣定義、如何形容我們，那都是過程而已，我們的努力自然會替我們平反曾經遭受的異樣眼光與聲音。

以人文佐料的心靈麵包

莎士比亞烘焙坊最初的成立，對於慧樺而言，是一個驚喜。從考進高餐之前家人一句「一個女孩子好好的，幹嘛學人去做麵包？」到畢業了，執起教鞭開始從事教育工作，慧樺經常反思「爲何我學了烘焙後，吃到的麵包都不是自己想像的？爲何麵包這個產業會讓人覺得是比較ｌｏｗ的工作？」種種的疑問不斷地沉積，直到學弟們邀請慧樺一同加入這個團隊，她意識到與其等待解答出現，不如自己去發現答案，但那時的慧樺相當奔勞，白天在高餐攻讀碩士班的課，中午後回烘焙坊處理問題，晚上還要到學校教書，回到家依舊要趕著碩士班的課業。三種身分的忙

各自的崗位，背後的使命皆一脈相連

與累，最後壓垮了慧樺的身體。她說：「當時住院的時候，其實我是處在很難過的一種狀態，因爲你讓很多人陪著受苦，我內心一直很愧疚，很抱歉的是讓這麼多人擔心，而且那次生病，居然檢查不出原因……當時醫師跟我說，可能是憂鬱症或躁鬱症，我很難接受，因爲我是一個正向的人。」

出院返回工作崗位的慧樺，辭掉老師的工作，決決好好經營事業，當然這個決定，引爆了第二次家庭革命，第一次革命是從國貿科決定跨考到餐飲科、第二次則是放棄教職而選擇創業。她說：「當時我的家人很不認同我的選擇，難道當老師不好嗎？一個女人幹嘛去學人做生意，這樣的聲音，一直迴盪在我的決定下，但我很清楚，我就是想創業！或許家人是因爲愛，才極力阻止。當我知道環境不好的時候，可能會挫敗，也可能成長很快，那些辛苦就是現成的養分。」創業初期，慧樺堅持從最根本開始做起，除了已具備烘焙服務外，她知道自己仍需要業務、包裝、管理等的能力，因此她不斷地大量學習，透過與客人的互動、員工的相處、股東間的溝通，去調整自己的身段。她說：「我每天只忙一件事情，就是如何讓品牌更好，因此，我要求自己先對得起員工，才讓我有

帶給您人文與夢想共同佐料的美味

充分自信面對客人，如果我的員工服務好消費者，消費者就會持續來光顧，這樣的循環成爲支撐我們一直進步的力量。」從慧樺的理念中，賺錢固然是創業家最實質的目標，但該如何賺錢？用什麼方式？能否形成永續經營？就像慧樺說的「人是最容易出問題的」。因此她從照顧自己的員工開始，而不將員工視爲賺錢的工具而已。這樣有溫度的管理，讓慧樺屢次得到績效考核最優等。她說：「『幸福新生活』是我們的公司名，我們的宗旨是希望把莎士比亞烘焙坊設置成一個分享幸福的空間，無論是客人或員工，我由衷盼望當每個人走進這裡，幸福就沒有時差，距離就會自動密合。因此我在面對所有員工時，我不想要太過僵化的層級關係，這樣『幸福新生活』，才不會流俗成一種過於理想的名詞。我認爲的幸福，是知道自己擁有了什麼，且懂得知足。新生活則是必須結合科技、人文、歷史、環境，共同塑造一個幸福的空間，從創新的理念，去營造一個新的烘焙市場；從品味的探索，讓更多人吃到眞正的麵包，最後透過分享，讓身旁的家人朋友都享受幸福，擁有更好的生活！」慧樺的這一番話說明最原始的初衷是作爲夢想唯一而不可缺的力量，也因爲堅持，價值才能一直累積。

夢想的溫度，有時看著看著就化解不順遂了

創業至今已屆五年，唯一讓慧樺沮喪且懼怕的是二〇一三那年，那時所面對的問題，不只有食品安全，油電雙漲、國際原物料漲價、胖達人麵包店香精事件的發酵，這些事件一波波侵襲店務的成長，就像進入青春期難以掌控的狀態，心情更成了晴時多雲偶陣雨的代言。但慧樺說：「最谷底的這一年，狀態上好像不是陰天就是雨天，但怎樣也不能犧牲員工，因爲員工一路走來的不離不棄，讓我們得以度過這年。」獨自淋雨的狀態，確實很難受，但如果有人陪著我們一起淋雨，那種感覺就會瞬間換了狀態，一起淋雨，就沒有下雨這回事；一起苦撐，就沒有放棄這回事；一起流淚，就沒有逞強這回事。慧樺這段話，又再度說明了，服務業雖是以人爲本的職業，但不是只要以客人爲本就好，所有的員工也包括在內。因爲想做有溫度的事業，就要先做一位有溫度的人，且不是那種勉強溫暖別人的人。慧樺說：「很多人都問我，爲何你們的麵包這麼貴？我想告訴他們，價值的背後是一份保持初衷的高品質把關，因爲現在許多人對麵包的選擇，已經不只只純粹填飽肚子的欲望。我們的堅持就是我們的價值，我想傳達的是這個理念。」

紮實的溫暖感，讓人能安穩地依靠著

在夢想前，沒有縱容自己的理由

當你揮霍時間在寵愛自己時，明天你將會收到一張抬頭寫著「夢想誤點」的通知。在所有創業者面前，時間可兌現夢想，也可能氧化夢想的壽命。以近年在臺灣蓬勃創店的餐飲市場爲例，大餐廳、小吃店、糕餅店看似愈開愈多，但拉下鐵門、熄燈、頂讓的似乎又更多，三年、五年、十年，竟成了餐飲生長階段的指標。從適應到成熟穩定，看似人生成長的過程，卻是無數次挫敗與承受串連成的防護線，抵抗一次次災難性衝擊。慧樺說：「大家都在開店，但你的定位與理念是什麼？要如何跟別人介紹這間店？」夢想儘管是自己心中最美好的藍圖，但它還沒受到眾人矚目之前，我們必須用自身的能力去包裝與行銷它，如此一來，別人才有可能停下匆忙的腳步，耐心坐下來感受你的夢想。

只是自身的能力，是需要一段專注且明確的方向去累積，在了解慧樺的高餐生涯之後，得知她在高餐最不ＯＫ的時候是考證照的那段日子。她說：「我第一次沒考上高餐，就是因爲我沒證照加權，因此二專時，我就把所有證照全部考取，二技之後，我開始思

每一個空間都有努力遍地開花的足跡

考要替自己未來鋪路，因此我身兼五份工作。但當我面對烘焙乙級證照時，我猛然意識到我的人生不能再有這樣的第二次，因爲我平日在學校跟隨教授撰寫企劃案，假日在餐廳打工，已經沒有額外的時間讓我重考，於是在考烘焙乙級的前晚，我做足了準備，認眞操作每一個環節與勤作筆記，考試時，我把握了每個步驟的綱領，且提早一個鐘頭完成。」慧樺說高餐給了她一段很棒的蛻變期，只要肯努力就會被看見，從身兼多職的經歷中，不知不覺累積職場經驗。從國科會助理半年到業界一年半，接著從高餐五專籌備助理兩年，到擔任高中餐飲科老師，幾年後又回高餐讀研究所。她說：「高餐確實是我改變最多的人生階段，因爲我當時就是想考進去，所以進來後就很忠實地執行動自己的初衷。之後回想發現我人生最精華最美麗的時候，是從創業開始，但在這之前，是高餐給了我這麼多的訓練！」

在創業之前，經歷永遠是自己執行過的成果，一旦創業之後，都會變成相關的知識庫。在慧樺選擇全心投入創業後，也眞正體會到一個新人生的來臨，且剛好是三十而立的里程碑。她說：「選擇創業後，就沒有退路了，甚至我意識到自己沒有生病的權力，因

用手做起的感動，它讓滋潤人的脆弱與無助

爲所有的事情都在進行，不能喊暫停，所有的瓶頸、挑戰，都可能在你最脆弱的時候成群結隊來。能怎麼辦？就只能想辦法、找方法解決，我只能告訴自己既然選擇了，就堅持到底。」人生如同創業一般，心只會一直累積，很多時候我們只是忘了用心去檢視自己的經歷。那些走過的路、做過的事，雀躍或難忘，感受一直都潛藏在意識之中。只要我們用心體會，經歷就是經驗。從慧樺身上，看到了一份「面對，永遠是最閃耀的創業家精神」。

回顧這五年的創業生涯，慧樺始終扮演好一個實踐者的角色，她唯有將自己百分百的釋放，才能讓員工從她身上，不僅只是認定她是總經理的職位，而是將她的精神延攬在自己身上學習。儘管在慧樺身上，看到的是如此鮮明又充滿堅毅的人格特質，她卻說：「我曾提過三次離職，分別是創業的前三年。有時當我們受到不同理念的衝突時，可能會使我們陷入自我否定的狀態，那段時間我覺得正受到這樣的因素衝擊，而讓我有了退出的念頭，直到我不斷地修正自己，從抗拒到欣然接受，我意識到『當我能夠帶給別人需要與想要的時候，我就會努力去呈現。』如今走到現在，一切都甘之如飴了。我覺得其中最大的心態

團結的美味，背後有著團結的夢想聚集者

轉變是遇到了就接招，能過去就過去；遇到了過不去，我也是盡力了。或許以前的我可能會因爲過不去而怨懟，但隨著經歷與能力愈來愈成熟，很多尖銳的部分被磨掉後，就圓滑了。」慧樺說明自己與生俱有一種「被需要的強迫症」，正因如此，她才想要呈現自己最大的本事，從「學了烘焙就要做到最好」到「我要求自己滿分，才能成爲員工的榜樣」這樣的理念，一直反覆說明了一件事：「機會永遠都在！」慧樺說：「餐飲事業雖看似飽和，但永遠都要創造自己被需要、被利用的價值。」或許我們無法預料機會何時上門，就像站在街道上，琳瑯滿目的餐廳招牌等著我們去選擇。我們不能只是等別人來發現我們，而是應該要有「就算只有一個成功的機會，我就是要當那個正取」的企圖心，在滿分的分數制訂下，人是沒有滿分的。就像我們的努力，也不是爲了證明自己辛苦了，而是讓多少人不那麼辛苦。

能力來自生存，成就來自堅持

延續先前的「創造自己被需要的價值」，對於這份價值的累積，我們很好奇慧樺是如何從高餐時期就

讓生活能夠在這裡得到美味的平衡

有意識的養成。她說：「身爲高餐人，就是高標準，一考進去的我，就有這樣很強烈的意識。因爲高標準，因此在服務業的大小脈絡中，我們常常被視爲指標與領航者。當然別人對我們的期待如此在乎，是因爲普遍認爲高餐學生了不起，領悟力很強，基礎條件很棒的因素，所以當別人用怎樣的高度審視自己的時候，我們就要將自己的標準設定在別人料想不到的程度。」一開始接觸創業的慧樺，很清楚地認知到服務不能服務自己，因此舉凡薪資、利潤等的獲利，慧樺都是放在次要的追求。因爲她始終認定高餐傳授給她的是一份「堅毅」的力量，她既然堅持選擇創業，也就要有毅力走下去。

除此之外，持續前進的方向也一定要踏實，才不會在創業的道路跌跌撞撞。慧樺說：「在創業時，務必要清楚想呈現的與市場到底需不需要。不能只做自己想要做的，這樣被否定的情況可能經常上演。」這一番話明顯指出，我們的態度與理念是否能當作創業的支撐力？在這個競爭激烈的時代，我們的意識基本上多爲主觀的判斷。因此，不被接受的情況是很常有的，更別說創業是個無中生有的過程。慧樺也時常告訴員工：「當別人對你有意見時，要感到開心；拒絕

▎輕輕一抱，所有的苦澀全化成了歡喜的淚水

時，要覺得歡喜。因爲別人用的是高標準在看待這件事，別人或許要九十分，但我們的產品只給了他／她七十五分的表現。」創業之後，每個人的建議與反映可能是最接近眞實的盲點。因此我們一定要有被否定的勇氣，這個勇氣或許不是與生俱來，但一旦創業後，它就必須強迫安裝在我們的意識下。慧樺也說：「我在實習的時候，提早看到社會現實的一面，很多的詬病在那當下就已經認知也適應了。我告訴我自己不要再往內層發展，因爲我看見的是女性受盡百般的辛酸，像是女性有生理與婚姻的考量，這些都是阻礙；但男性只要廚藝ＯＫ就很容易。因此當我走到烘焙經營管理的時候，我會做東西了，但我還要學會行銷產品。」

如今的慧樺，從行銷上找到了被需要的感覺，在員工間的相處上，也深深感受到「如果只是一味地要求員工無限付出，那企業生命是短的，因爲在得到金錢的同時，失去的是一群賣命的員工」。在這意識下，慧樺時時與莎士比亞烘焙坊整個團隊保持創業的初衷，即便回顧創業初期，面臨的市場挑戰及人員流動的關卡，現在都不是困境了，甚至連資金都不是問題，因爲了解市場之後，眞的不用擔心沒有營收。重要的是消費者感受到了，才是最好的，而不是我們覺得好而已。自己好是自己打的分數，別人的評價才是大眾給的成績單，因此莎士比亞烘焙坊才能在這麼多糕點、烘焙業林立的現今，保持一份無法取代的價值。慧樺在採訪最後說：「創業眞的很辛苦，有時候流淚只是過程，背後的辛酸面，眞的無人能知。我們受到很多人的質疑與贊同，但我認爲我們才是自己的導演，我們用自己的鏡頭去完成自己的劇本。」

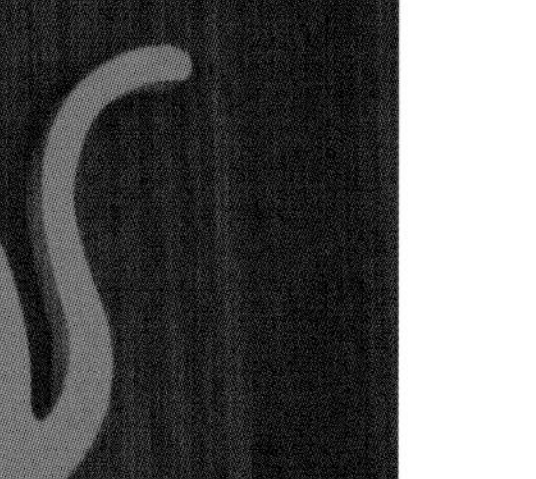

簡單又溫煦的初衷，成了歡迎光臨的招牌

20

高雄

地糖仔中式點心專門店

食魂的昇華‧24種夢想的發酵方式

手作　浸釀　上菜

務實，讓走過的路遍地開花

畢業於餐旅所的葉偉志於二〇一三年的歲末創立地糖仔。這兩年下來，他繳出一張很棒的成績單，從創店優異的表現來看，他的心血並非偶然，而是累積十餘年的能力釋放。他告訴我們：「我二十四歲才回到學校進修，那時我的目標只有高餐，因爲它是餐飲的第一志願，雖然當時我連ＫＫ音標也不會，但既然已設下目標，就必須執行到底。二〇〇二年考進二專，在專一時，曾有新加坡的飯店想邀請我到那邊工作，但我認爲：『都已經決定要念書了，就好好念到畢業吧！』畢業後，我還是去了新加坡工作，那份職缺幾乎等了我一年。」雖然偉志的求學歷程比多數人還晚出發，但透過他巧妙運用時間的能力，讓原先英文零基礎的程度，可迅速提升，英文單字表是隨處可見的訓練小物，因爲他知道唯有這樣努力，才能快速填補英文的斷層。如今，他能以流暢的英文與外國人溝通，這絕非是僥倖。他補充道：「我不會給自己太多的理由跟藉口，因爲時間只會消耗在上面，結果還是一樣。」當我們未曾享受過回饋的喜悅時，它是一份

餐　　廳：地糖仔中式點心專門店

（高雄市鼓山區美術南二路132號）

校　　友：葉偉志（101學年度餐旅管理所）

坐下來喝杯茶，生活毋須太多漣漪

很生疏的情緒。直到後來眞實體會到了，它會變成你永遠想不斷回充的前進力量。與偉志的談話中，先苦後樂的觀念一直圍繞在他的表現意識下，他不給自己放輕鬆的藉口，因爲他很清楚累積的過程，本來就是一趟極爲艱辛的修練。

從高餐畢業後，偉志前往新加坡與香港工作數年，回來進入臺灣君悅飯店工作，他更加堅定創業的想法，雖然擔任飯店行政主廚的職位，使他背負不少重擔，這卻未曾澆熄他持續充實的熱情。他選擇回到高餐攻讀研究所：「當時想回到學校，主要是因爲我已經在業界待了好一陣子，有許多的經驗，我都想趁這次回到學校的機會，進行分享與印證。雖然主廚的工作與責任相當龐大，但我認爲很多事情只要撐過就好，沒有什麼事情撐不過的。」從偉志的這一番話，我們看見他創業的前置準備多麼紮實。透過他對創業的認知，除了要具備專業的技術外，他認爲「心態」更是核心的關鍵。他說：「我認爲開店其實是全世界最累的事，雖然很多人都想開店，但只有想還不夠，你必須要踏實而認分。因爲在創業路上，有太多不務實的人，他們用了不務實的方法，去做不務實的工作，自然很難達到穩定。務實雖然慢，但可以累積屬

一身的經驗，透過分享讓幸福延續

於自己的口碑與客群，很多企業都是從很小的規模開始做起，而且從小開始發展，才有評估這家店的發展性與大眾接受度。因爲創業眞的是一件既冒險又極具挑戰的事，找尋退路是你必須要做的防備，而不是打腫臉充胖子。」充滿深刻感觸的偉志，除了在創業上累積這些經驗談之外，回到最根本，這些想法全來自他的家庭給他的教育，也賦予他儲蓄的觀念。他笑著說：「像我現在三十八歲了，卻連一張信用卡也沒有，或許別人會覺得我過於堅持，但有些堅持是你一開始就要把持住，就算別人認爲你的做法不甚完美，但只要能對自己的選擇問心無愧，那就是最好的方式。」有時候即使我們再怎麼優秀，批評還是像影子般寸步不離。在了解沒有完美的理想下，這些用心苦撐的堅持，或許才能帶領我們趨向完美的理想前進！

透過堅持的力量，事情開始變得容易提前完成，久而久之「把自己做好」這件事，竟成了一種習慣。藉由這種習慣的運行，除了事情得以加速完成外，放在創業上，它也是與眾不同的潛在能力。偉志表示：「我有一種未雨綢繆的習性，雖然會使前面很辛苦，但也會提前得到喜悅，創業之後，我常告訴員工：『不要拿生意的好壞，來做爲你沒有完成的理由。』

美味的背後，需要一次次堅苦的苦熬

任何事情，都可以當下調整後再執行，而不是按照既定不變的模式去套用。我在讀碩一時，就已將論文完成，因爲提前做好，就不用擔心後續還有其他事會擾亂你的計畫。」人的一生，大約有長達幾十年的時間，都處在學生的狀態。學生的任務就是學習，雖然學習不是學生的特權，但這個時候是最能夠大量精進與累積自己的時候。等到你漸漸轉換另一個身分時，也就是釋放的開始。在偉志退伍後，他曾在西餐廳工作，有次老闆對他說：「偉志，我覺得你跟別人不太一樣耶！當別人在休息時，你在工作；當別人下班後，你還在廚房學習。我在你身上看到你比別人多一個成功的要素，所以你一定要養成提前設定目標的習慣。」偉志對此表示：「聽完老闆的話，我就決定將每個階段的目標，提前五年執行。像地糖仔這家店，原先是我計畫在四十五歲才創立，但我確實也比預計早了好幾年。」提前設定目標，讓自己及早進入實踐的階段，無形中，進度早已不斷地超前，未來，也在這勤勉不懈中，得以漸漸明朗而具體，得以跳脫原地徘徊的自己。

給料理的專注，就像一句最真誠的歡迎光臨

壓力成了淚水的自動匣門

在正式創業後，偉志所面臨到的困境，不是我們認爲的生意好壞。他坦言：「我開店後，遇到最大的問題，是『人』。你會發現請到的人，都不是你想像的那樣。我也曾經用人用到很絕望，眞的！你會替這一批年輕人感到擔心，因爲他們就算不走餐飲，心態如果沒改變，還是很有可能帶給不同產業的人困擾。另外，我們的產品幾乎都是遵照米其林的方式製作，因此長時間的耗時、耗力，很多師傅不願意做，跟著我工作確實是一件很累人的事，多數人習慣用簡單的方法，去做很簡單的事情，以至於開店後，這些高標準的程序都沒辦法執行。」每個創業者在開店後，所面臨的困境都不盡相同，像剛開幕時，在連續二個禮拜的人力吃緊下，他忙到第四天才想起自己沒有吃飯，甚至連喝杯水、上廁所的時間也騰不出來。偉志也補充：「我曾有好幾次在廚房做到流眼淚，那是一種莫名的壓力把自己逼哭。這時你才會體會『創業維艱』這四個字念起來很簡單，但當眞正遇上了，它是一件很恐怖的事情。」許多的想像或以爲，是無法支撐起任何的理想。因爲偉志選擇勇敢面對，所以他能

親手做起的感動，有著粗糙的溫暖與真性情

在創業初期即累積大量的客群與媒體效應，多數人不想做的事，他做了。他告訴大家：「現在很多人，只知道二—三萬元的工作大概是怎樣的內容，但他們不去多想：『我能從這份工作中，學到什麼特別的經驗？』當一個人想要好的時候，他會去觀察自己的上司是如何辦到，從中去模仿與學習，當一個人沒有積極想變好時，主管對他的建議與指教，他永遠也不會改，甚至只會認爲是主管愛找麻煩。但公司是不會養閒置之人，你必須要有產值，公司才有留你的打算，因爲它不是慈善機構，它也是需要你的能力，好讓它運轉更快。」

從偉志的經驗談中，我們了解到工作除了貢獻之外，學習潛藏於工作內的能力也是必要的，即便這份工作只有短暫一、二年，它也有無限等待發掘的價值。許多投資都有風險，唯有投資自己才是最踏實的策略，別人看到你在進步，等到你的價值有了更好的歸屬時，先前那些付出的辛勞也就會變得心甘情願。偉志說：「我們的餐廳沒有設定薪水的級距，你能呈

辛苦自己呑，呈現出來的就是要歡樂

現多少產值，公司就能給你多少回饋。我常常告訴員工：『你們可以創造自己的價值，讓公司有辦法給你們這樣的數字。』當有員工開始提升，也確實得到實質的鼓勵時，這就能帶動底下的員工，形成一種正向的感染力。」偉志的話，讓我們體會到，只要你眞心把一件事情做好，別人會想盡辦法留住你，因爲價值難求，人才也難得。所以無論我們身在何種職場，時時想辦法提升自己的價值，透過每一步實際的付出，它雖然難以立竿見影，但當你累積的價值所展現的光芒愈亮時，賞識你的人，也一定會尋著光而來。

而若談到「成功」，這個名詞其實不分難度，而是在於我們有沒有本事將它持續掌握，有些人的成功來自時運、來自他人，也有人的成功來自本身的累積與努力。在偉志的背後，他至少有十年的磨練期，在他決定將自己的夢想提前兌現時，他有能夠支撐下去的本事。他告訴我們：「自己的人生自己塑造，你想要的人生會表現在你的行爲方式上，每個人的想法不同，所產生的態度也完全不同。像剛起步的這家店，我心裡想：『無論它有多少缺口，創業的第一關必定要先撐過去，這樣我的未來才有後續的關卡。』在這過程中，我深刻體悟到：『只要你一放棄，機會就被

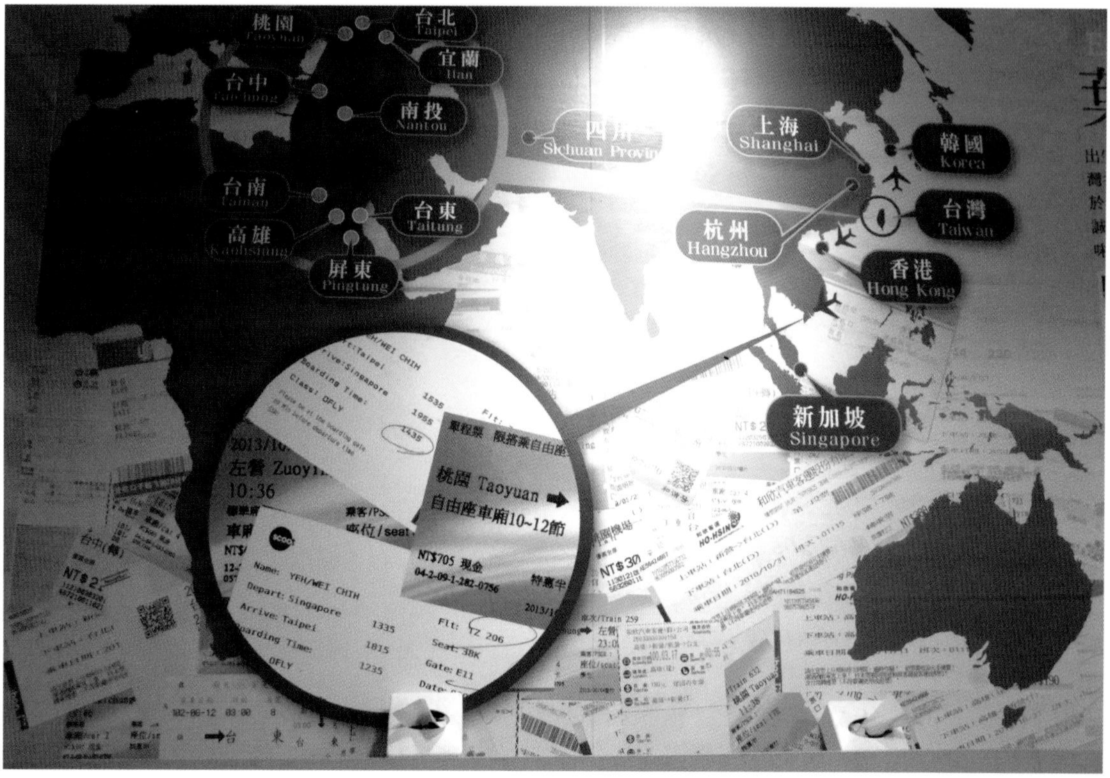

每個過程的跋涉，都是包在體內的養分

別人拿走。』就是因爲別人忍不下去，所以他們才成就了我。」很多人說過成功的人，只不過比別人多會忍耐一點，但這一點的差距，卻造出兩種不同的未來。其差異可能只來自每個過程中，一次次不想放棄的念頭，這些信念凝聚成一條務實的道路。因此，即使忍耐是一門辛苦萬千的功夫，懂得承受的人，必定會有滿載的收穫，在實力的養成方面，也是同樣的邏輯，因爲實力的塑成，也是一種耐心的修行。經由耐心的反覆拉扯，事情才得以在變化中還原成它該有的條理，我們也才能掌握這些條理，得以領略應用。只要是關於進步這件事，它絕對是一趟跳脫舒適圈的冒險。這過程必然會有許多衝突與不適應，卻也足以說明成功是一條難以忍耐的道路，因爲堅持的人太少，放棄的人，也總會有說不完的理由。

每個方向都是不同的學分

創業後，我們有兩條不同的道路：一條是習慣的經驗；另一條是分秒更新的現況。每個過去的經歷，都會變成你選擇的方針，至少它不是一步險棋。回首偉志的過去，他曾有一段將近六年的癮君子生活。直

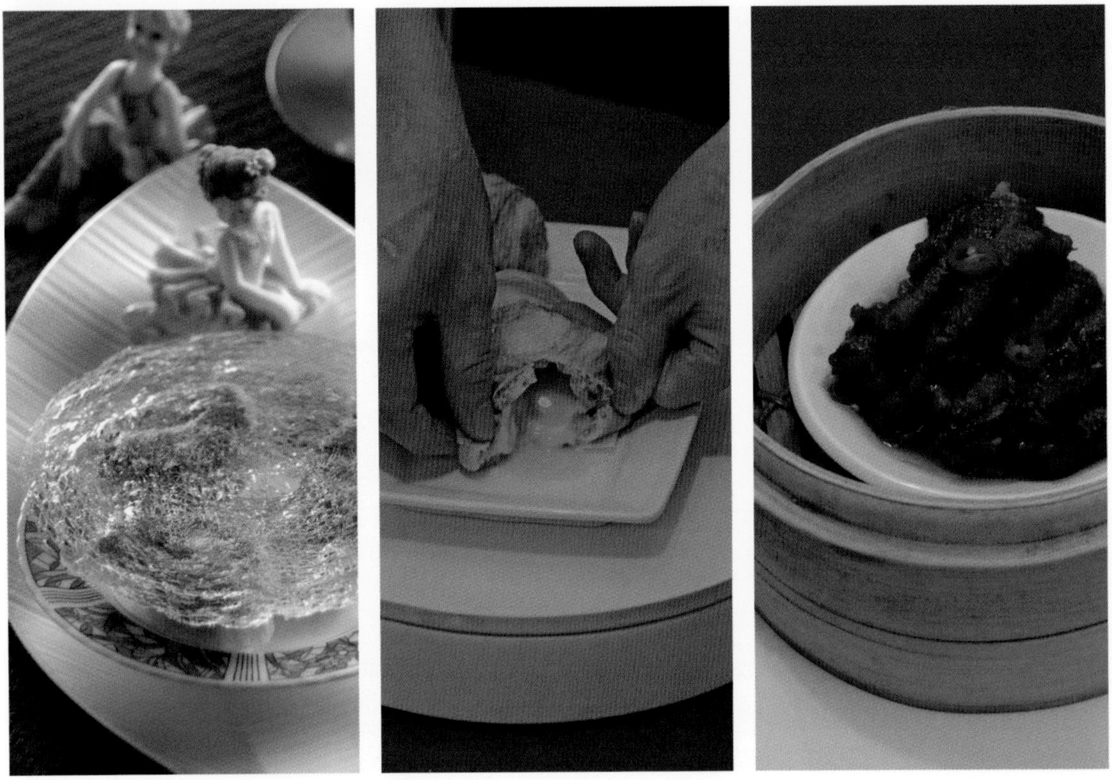

每個不馬虎的步驟，都是為了完美款待

到服兵役期間的某次重病，醫師告誡他：「你眞的不能再抽菸了！不然你會沒命。」醫師的話嚇到了偉志，他毫無掙扎地說戒掉就戒掉。他說：「很多事情都是萬事起頭難，就像我們創業初期，也常常面臨到差點收起來的情況，因爲當時還沒像現在有這樣完整的團隊，人力是最大的支柱。」除此之外，這似乎還無法完全解釋有人爲何能持續成功，有人還是一樣原地踏步。最大的原因，主要來自選擇背後的犧牲，有人犧牲陪伴家人、結識朋友、吃喝玩樂的時光，只爲了將自己的未來，拚得更具體而明朗。偉志也補充：「所有的抉擇，只會帶領你走到自己選定的方向，遇到成功與失敗時，主要是看你有沒有得到新的體會，重新學到一堂課。很多人都說，我是個瘋狂的人，因爲我把店開在一個人煙稀少的地方，沒有人潮也沒有市場。但我回答說：『客滿不就是人潮嗎？』一開始我在定位餐廳時，早已將客人分成三種，一是有目的性前來的、二是熟客、三是過路客。前兩者的比例又占了多數，因此我們只要把自己做好，許多客人會願意遠道而來，只爲了品嘗我們的料理。」

創時初期的偉志，雖面臨過人力短缺的困境，但他也有應付困境的做法。就像當初設定開業地區時，

每一個動作，都像沿續夢想的齒輪

他選擇在資源分散的高雄創業，他卻依然有辦法克服這些問題，如果當初他選擇放棄克服挑戰，一切就可能完全不一樣，除了沒有熟客帶新客的效應，也沒有媒體報導的盛況。雖然他也坦承：「開一家店，眞的可以讓一個人的ＥＱ瞬間變低。」但他持續平衡著內在的壓力，選擇與夥伴一起共進退，只爲了凝聚團隊的生產力。他說：「我時時告訴員工：『你們回頭看看那些正在吃飯，還有正在排隊的客人，他們才是你的老闆，我只是給你們一個舞臺發揮的執行者，所以你們敢做不好吃的餐點給你的老闆嗎？』透過這樣的思維，我想告訴員工以及學弟妹的是『店』就像一個人，你必須要先累積，等到累積至一定能量時，你才有能力做自己的事。年輕就是本錢這句話大家都知道，但當你一眨眼三十歲時，身上還沒有具備任何深根性的專業或價值，那將會是一件很可怕的事。因此，趕緊先去大量累積吧！這些過程總有一天會全部回饋給你的。」

從偉志前一段的肺腑之言看來，他眞心感激父母親能給予他這樣的想法。「從小不倚靠父母而憑藉自己」的思想，早已根深在他腦海中，隨著每個歲月的增長，他更加確信「資源不會平白無故地來，凡事都

▎歡樂的空間，全都用美味來鎖住記憶

要靠自己的力量去爭取！」因此「苦」對他來說，是一種生命的原味。他說：「人不能貪心，而是要奉行『務實』這二字。一旦你腳踏實地去做了，你會發現很多事情，都是來自你過去的務實所給你的回饋，好讓你能擁有這些能力來應付現在的挑戰。有時候我們會羨慕那些成功的人，但他們只不過比別人更積極，更務實去規劃該實踐的目標，因此面臨創業時，你不用與別人爭，先跟自己比，用自己的特色去吸引喜歡你的客人，再累積屬於你的顧客群。最後你會明白，這些全是在你實踐之後，才會得到的理論。」每一條路雖都有各自的方向，但終點卻大多相近，該如何找到一條屬於自己的道路？站在原地，是永遠想不到答案的，只有眞正踏上路，路才會開始替你量身訂做，無論這條路在別人看來是捷徑還是遠路，它都是你的道路。當時決定創業，並開始學習當老闆的偉志，也曾經在老闆這條道路上，不斷地碰壁與拉扯，他發覺現在有不少年輕人都認爲爭取自己該有的利益，是正確的事情。每當偉志想矯正他們的心態時，往往得到的回覆就是請辭。他也坦言：「我曾遇過幾個高餐學生，想來我這裡工作，但他們一開口就已經讓我失望了。他們完全將面試所重視的問題給忽略，而從工作

曾經辛苦萬千，如今感動卻細水流長

的福利制度開始問起。從那次開始，我就想告訴那些有心想發展餐飲的人：『不要怕累，先上路吧！從工作中去找到你的夥伴與道路！不要輕易跳槽，除非你已具備相當獨特的想法，很多事都是出發後才慢慢齊全的。』我希望學弟妹能清楚知道面試的第一重點與態度是什麼，其餘的，就做了再說吧！」當過四次學徒的偉志，在每一次的學徒經驗中，他幾乎都是將自己吸收至最飽和的狀態才肯離開，以至於當他在君悅擔任行政主廚時，他能輕鬆地面對所有挑戰。因爲他懂得將既有的知識分門歸納建檔，當有需要用到過去的專業時，他不會有想破頭的窘境，看著他從學生到工作，從就業到創業，在偉志的身上，我們看見他持續綻放的本事，而這背後承襲的，是過去也是未來，專屬他的料理寶庫。

每個傷痕，都是成功的零件

訪談至此，從創業回歸到高餐，偉志的心中也湧起了許多感想，因爲比別人還晚重拾課本，卻能在心態的展現上，跳脫學生的思維。他深深認爲：「進入高餐後，我得到最大的收穫，是認識了這群老師與同

讓食物都能夠提醒人們：快來回味！

學，因爲他們，突然擁有許多機會，而且這些都是在我還沒獲得以前，不會認爲這就是所謂的人際關係，直到它開始對我的人生產生影響，才會感受到它的存在。」在高餐建立一段美好的關係後，偉志開始從工作上累積創業的能量，等到他逐漸擁有更多本事後，在一次機會下，他前往某大學演講，結果獲得全校師生熱烈迴響，偉志便在該校兼了一學期的課。他說：「那所學校的排名是屬較後段的大學，下課結束後，曾有學生跑來對我說：『老師，像我們這種後段學校，畢了業也是沒有用。』我聽了只告訴他：『出社會工作後，主管是看你的工作表現與績效，把事情做好這件事，用不到學歷漂亮，雖然會加分，但只要你把任務完成，結果都是一樣。』後來確實有學生將我說的話聽進去，在努力幾年後也做到五星級飯店的副理，這都說明了，只要你發自內心去做一件事情，即使沒有高學歷也可以做到讓人稱讚不已。」

最後我們談到的是關於偉志在三十歲開始策劃創業的這段路程回顧，那時的他，在擁有高度務實的思想下，決定先從店名開始找起，因爲店名對於創業者而言，是一輩子的形象。因爲要從事港式料理，所以他攤開了香港地圖，然後按圖索驥地一一尋找合適的

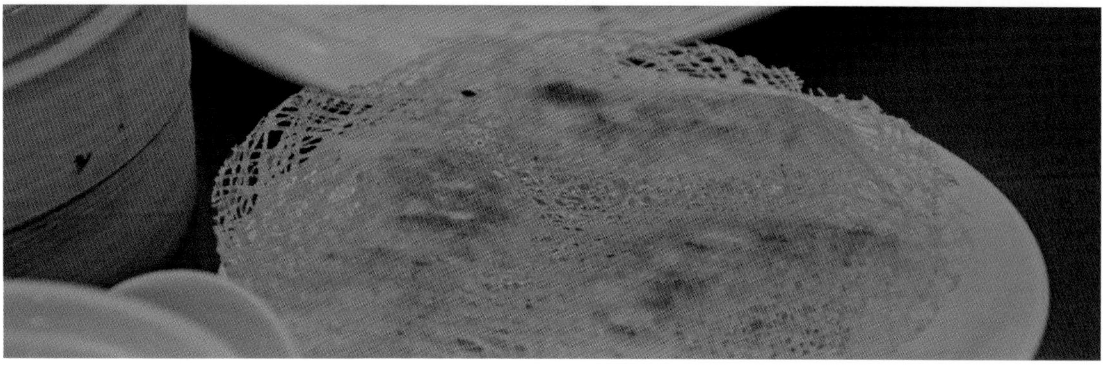

親自的感謝，就是用料理持續這份價值

名字。最後他在香港一個鮮少人知的地方，發現了「地糖仔」，隔天就到了市政府註冊，開店後，誠如前面提到「創業最大的困難在於人」，偉志也坦言：「因爲我對員工很嚴格，有些承受不住壓力的員工，他們就團結集體不做，從他們表現上，你很清楚他們就是要整垮你，後來面試時，我只要看這個人的心態沒太大的問題，就直接先上工再從表現中評估。」從這一段話，其實也反映出臺灣現階段人力的一種現況，就是「心態認知的貧乏」。在他的經驗中，這些人無關學歷，而是在於個人的思想，能否適應職場環境，但令人擔憂的是，這些人的比例竟然有增無減。如果不以整個餐飲大環境來說，而以臺灣的服務產業來談，這也是整個環境都必須承受的衝擊。例如：要求不能太多、制度不能太嚴。許多的基本要求，最後都爲了屈於人力的平衡而一再讓步。透過這次與偉志的深度訪談，我們也深刻感受到餐飲事業的蓬勃發展下，潛藏著另一種衰落，而對即將面臨就業或創店的新鮮人來說，偉志的經驗分享，或許能夠引以爲鑑減少陷入徬徨摸索的時期。

21

高雄

Touch老師的家

食魂的昇華・24種夢想的發酵方式

手作　浸釀　上菜

回到老師們的學生時期

這次訪問的校友是兩位老師，她們是分別畢業於餐旅所的陳蓉潔同學及餐教所的葉米芸同學。對於這次的採訪，我們以雙向式的對答方式來進行撰寫，從中保留個人的特點，也整理出兩人理念上的共通處。最初以「是什麼動機而開始決定往餐飲之路邁進？」一題做爲本次採訪的開場。蓉潔對此先表示：「我其實不是一個很愛念書的人，國中時期就是一直玩，到了該念書的時候，我還是會認清本分，國中畢業時，其實我的分數是可以讀護專的，但基於興趣的考量，我還是選擇就讀餐飲，並且從高中就開始在飯店及餐廳打工。」蓉潔陳述完這段動機之後，米芸隨即表示：「我從國中開始就是就讀餐飲技藝班，因此到了高中我也依然以餐飲科爲選擇，而且我在高中時，就已經把高餐當作第一志願。在努力的過程中，我也相當清楚自己的目標就是中餐廚藝系，因爲我從高中開始讀的就是中餐組，除了積極考上中餐選手資格外，我最大的目標就是

餐　　廳：Touch老師的家（高雄市鳳山區三誠路55號）

校　　友：陳蓉潔（88學年度二專、91學年二技餐飲管理系／100學年度餐旅管理所）（圖左）

葉米芸（97學年度四技中餐廚藝系／100學年度餐旅教育所）（圖右）

▎互動，是來自彼此的靈魂有了共鳴

高餐。」在兩位老師皆表示自己最初的動機後，也看到她們出發點上的差異性。蓉潔是在高中志願的選擇中，定下餐飲的道路；而米芸則是從國中開始即確立自己的方向，她知道餐飲是她熱情與動力所在，憑著這份熱忱與執著，她不斷地往目標持續前進。

在進入高餐後，她們各自也有一段冒險與心得。蓉潔說：「我在進入高二、高三期間，就開始跟著同學去補習，當時也只是覺得好玩。後來考上高餐，我在選擇科系上是比較偏向於廣泛的學習，像是餐飲管理、飲調、服務等技能。我算是比較早期的餐專生，我是二專的第六屆，二技的第一屆，一開始進入高餐，自己對於進入層次這麼高的學校，意識到必須更努力。後來我漸漸發現，隨著全臺餐飲科系的大增，高餐一樣有它的影響力與知名度，但有時候也可能會遇到一些人覺得高餐生光環太大，而變得不好用。畢竟一間餐飲學校，畢業的學生並不是每個人都具備同樣的思維。當然回歸到現在，高餐在臺灣仍是一間相當具有指標性的學校，因爲它的優勢太多，從師資、設備，資源上來說，都非常的充足。」從蓉潔非常有感觸的這一番話，無論從二專到二技，甚至到研究所，她看到高餐的變化與成長，其中始終不變的是，

相互扶持的事業，就像有人拉著風箏有人跑

高餐在她的心目中，永遠是如此頂尖的餐飲學校。而在與蓉潔的對話之後，米芸也從中補充道：「一開始進來高餐後，眞的會不知不覺擁有一份自信，這份優越感是來自心底百分百認同了高餐給我的任何教育，因此當我進到這所從國中就開始夢寐以求的學校時，心中除了無比的喜悅之外，我知道我也必須努力維持這份自信的價值。當我看到前面的學長姐已經將高餐的形象保持的這麼好，我自己也會莫名有個意識，就是務必要延續這份高餐人共同享有的品牌！」

在兩位老師對高餐皆有著同等思維的狀態下，回到她們當初所處的環境，對於學習的態度、印象深刻的課程、學習的挫折瓶頸，她們是如何去面對與克服，從米芸的體會中，她發現到：「我眞的覺得進高餐後，一切努力都要從自己開始甘願做起。在這之前，要看自己內心有沒有眞正認同學校，學校的形象與招牌一直都樹立著很棒的狀態，因此我希望學弟妹在進入高餐後，先問問自己有沒有認同學校的文化。如果有，那所有的努力就不會有很多質疑；如果沒有，至少回想一下，當初爲何想要考進高餐的那份初衷吧。」蓉潔也認爲：「在學校求學時，我們所呈現出來的態度，不外乎就是一直縮小自己，非常著重在實務方面，因此我極少參加任何比賽，我覺得除非本身就是選手出來的，不然不用透過比賽來告知別人自己很厲害。當基本功很紮實之後，別人自然會從你的表現上看到不一樣。我很深刻記得有堂課叫『餐飲服務』，當時在課堂上，一站可能就是八個小時，就像在上班一樣，如果沒有那樣的經驗，第一次接觸這樣的課程，你能會嚇到。透過這樣的訓練，再回到實務面上，舉凡接待外賓、辦宴會等等，因爲當時學校的學生還很少，很多事情就是這麼少的學生在做，那時雖然很辛苦，但當你走過以後，你會知道那段時期的壓抑，給了自己很棒的成長。」

溫暖色調下的一份真實touch

心的交流，先用食物來暖場

兩條教職路的交集

從高餐畢業後，米芸透過傳統教師甄試的管道進入了高中任教，而蓉潔則是以業師技藝優良的資格，同樣在高中執起教鞭。在兩條看似不同的管道中，卻同樣都有著一份想奉獻自己的心，她們各自在教學生涯的旅程中，神奇地找到一個共通點，那就是在高餐時期所具備的「不服輸」的精神。對於不服輸，蓉潔說：「在高餐的時候，其實我會認輸，那時會認輸，是因爲我已經認眞審視過自己的能力，如果最後發現不適合，我就不會勉強自己。就以內外場來說，我覺得把自己放在最適當的位置，才是最好的能力釋放，除非你想改變、想挑戰，那就另當別論。但開始教書後，我發現在教學上，我比較不想服輸，尤其在面對班級的每個同學時，我更加不服輸，即便我的學生裡面，有很多是非常搞怪又頑固的學生，但我就是不肯就此放棄他們。我有個學生，國中就已經有吸毒的習慣，來到了高中還是沒辦法戒掉。我就堅持：『只要他沒有放棄自己，我也絕不會放棄他。』因爲當你眞的教書後，你會看到有些學生是來自家庭、來自他不想面對問題的因素。甚至你也會發現到，有些學生雖

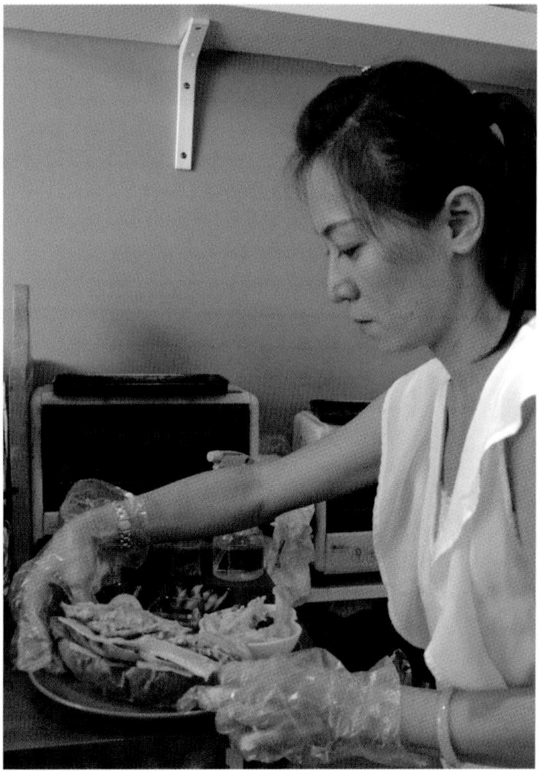

一抹熱情的笑容，是持續閃耀夢想的能量

然剛來的時候，狀況是不好的，但隨著跟他相處後，他們都會願意變好。眞正比較傷腦筋的，反倒是那些自願變壞的學生，那眞的會不好救。我在教學時常常以自身過來人的經歷作爲思考起點。我以前國中成績不好，因此會被別人歸類成績差的那群，透過這樣的處境，我能夠理解他們的心理狀態。」在蓉潔分享完自身的教學心得後，米芸也開始說起關於她的不服輸故事：「高餐實習時，我遇過有師傅不希望我站在他旁邊，因爲他覺得我沒辦法幫上他的忙，於是我就趁著空班休息時，自己練習舉鍋子，想要證明很多事情是看你用多少的努力去執行，或許也因爲如此，當我從事教職以後，我的態度就非常鮮明，像有時候會遇到學生辦活動、辦宴會，大家就會很團結也不抱怨，或許都是因爲我從高餐時期就這樣養成，因此我也會用同樣的思考方式去教導我的學生。」

在兩位老師都陳述過自己的不服輸與教職心得後，讓人不禁好奇「如果以老師的身分，回去給自己在高餐的生涯打個分數，那她們會以怎麼的標準爲評分呢？」蓉潔立即笑說：「如果以二專、二技的綜合分數來說，我只能給自己六十分。因爲我太愛玩了，二專時期我或許還有八十分，但二技之後，我參與太

飽滿的幸福，提供了生活與心情最好的養分

多瘋狂的活動，自己在學習上沒有太盡力。但如果以專業能力的養成，我肯定可以給自己九十分，因爲我確實非常積極地充實專業表現。」在蓉潔評分之後，擁有乖學生形象的米芸，也只給了自己七十分。她認爲：「我在高餐時，是個非常認眞的學生，我盡我的本分將每件事情做到最好，出社會教書後，我也認眞地教好我的學生，但我覺得這還不夠，因爲我還年輕，我應該還有許多的進步空間。現在創業之後，我若要精進自己的教學跟廚藝，就要更加善用時間，因此剩餘的三十分是爲了警惕自己，不能停止學習，否則不只是停止，更是退步。」

這一路走來，我們想問她們：「進入高餐前後的轉變是怎樣的感受？」蓉潔說：「我是早期高餐還在獨招時就考進去的學生，當時只知是覺得這是一所很新的學校，對於學校的所有資訊也還在摸索的階段，但比較不同的是，我跟同學之間的互動就讓我印象深刻，因爲考進來的學生，有很多都不是應屆生，在年紀不同的情況下，更能從同學的經驗中得到很棒的啓發。」透過與同學的來往，蓉潔認識了漢來飯店的經理，也不知不覺累積一份紮實的人脈，而就讀高餐四技的米芸說：「還沒進高餐前，學校的老師就會一直

愜意的氛圍，讓心在城市之中也不怕迷路

灌輸關於高餐的許多訊息，因此也會開始對高餐的制度、風格、形象產生基本的認知。當我考上後，我的態度是相當明確且堅定，就是因爲我想要過這樣的高餐生活，所以我才要努力考進這間學校。」從兩位老師的比較中，我們看到蓉潔在一個背景不同的餐飲環境中，提早認識了餐飲業態中多重角色的人，從中她得到一份很棒的人脈；而在米芸的觀念中，我們也看到她忠於選擇、肯定選擇，最後確實得到一份滿載的收穫，在她的收穫中，更是遇到了在餐飲路上的知己，因爲她知道原來這一群人也和她一樣，有著相同理念的人。雖然到最後每個人的出路皆不同，但她知道這一份「認同」是在高餐裡，甚至人生裡最好的收穫。

當工作變成一種分享

在正式開始創店以前，蓉潔與米芸各自扮演著自己角色，一開始走入餐飲即有創業想法的米芸，她認爲關於這個夢想，是時間的累積問題。她說：「從國中就開始接觸餐飲，一直到研究所畢業，自己也眞的學了不少東西，而在我當老師之後，反倒更加凝聚我

時時用心，就像感動總是不經意的出現

想要嘗試不同工作的意識。當我正有這個想法時，就碰巧遇到蓉潔學姐邀請我一起創業，我當時立刻就答應了！」在米芸的想法下，我們看見多數高餐的學生，一定會將創業這個念頭時時放在潛意識當中。因此，當蓉潔邀請米芸創業時，她們很快就在高雄五甲，找到一間合適的店面。於是「ＴＯＵＣＨ老師的家」就這樣誕生了！蓉潔補充：「我結婚有了兩個小孩後，就離開了教育界，當初會想要開這間店，是因爲自己本來就有創店夢想，只是一直沒有衝動跟勇氣去執行，後來是因爲我發覺到我在網路上的生意需要一個實體的據點，我心想：『不如趁這個時機將自己的夢想也一併完成！』當我們確定要一起創業後，過程中都只有在電話裡討論，一個禮拜後我們簽約，然後動工，一個月後就幾乎完成了！一開始我們以『ＴＯＵＣＨ老師的家』作爲店名時，主要是因爲五甲沒有這種類型的店，再加上這裡居民的消費習慣都在市區。我們希望至少讓別人知道五甲也有這樣的店，而願意來跟我們接觸看看。」

在整個創業故事的分享中，大家不斷從她們的身上，發現格外特別的性格，蓉潔是熱情奔放，米芸是沉穩內斂。對於她們在經營上的想法，其實有很大一

希望總是有一份家的安穩與恣然

部分是來自她們過去的家庭背景與人生際遇。蓉潔來自一個傳統的家庭，在姊姊們皆就讀第一志願的背景下，國中成績與品行並不是我們定義的好學生。她一直認爲，考上高餐除了讓父母親安心之外，也想透過自己的努力，來告訴別人：「我也可以做到！」對此蓉潔也補充道：「因爲我高職是念私立的，於是我假日就會到餐廳外場打工，那時我就會聽到客人對她的小孩說：『你再不乖以後就只能去端盤子！』當時我心想：『端盤子很好啊，我能展現出我的專業給別人看！』我就用這樣的觀念一直培養我自己，後來我當了老師，也是跌破所有師長、同學的眼鏡。我給人的印象就是不愛念書，但他們卻不知道我其實很愛閱讀，我當初能去學校教書，用的資格是技術教師證。它發證的要求是必須具有該專業領域的所有乙級證照，但那時我在高餐也沒有乙級證照，是我後來畢業，在工作之餘努力去學，然後一張一張這樣考出來。當上老師之後，我也沒有覺得當老師比較厲害，重要的是凡事必須努力才會有這些成果。」在蓉潔的故事中，我們看見她曾經失意、曾經挫敗，但她不曾氣餒，這股動力促使她無懼別人怎樣看她，因爲她知道改變別人的方式，就是先改變自己。在得到蓉潔很

讓每個人都像回家一樣輕鬆互動

棒的答覆後，米芸也語重心長地提到：「大家對我的感覺好像就是認爲我乖乖的，但其實我是個喜歡冒險的人，在我小的時候就想過要住國外一段時間，研究所畢業後我本來就要出國，後來是遇到還有班級沒帶完，於是我等到一切結束後，把所有工作辭掉，到澳洲旅行。出國前，因爲我有家人的支持，所以我就把賺的錢全部花光。我那時心想：『錢再賺就有，但旅行只有一次。』回到臺灣，我想找個兼任的教職就好，因爲我比較想要過自在的生活。後來也是因爲兼課的時間較彈性，而讓我有這個機會能夠創業。」從米芸的故事中，我們看見她爲了夢想可以果斷地割捨一切。而現在，看著她一邊教書同時也滿足創業的夢想，這無疑是人生一種很棒的狀態。

我在餐飲的路上，有個家

對於別人的鼓勵或批評，我們或許會隨著時間的流逝而淡忘，但它卻不會消失，甚至當你回想時，它依然會帶給你如實如初的感受。蓉潔也告訴大家：「這一路上，其實我都是被鼓勵居多。當你對自己所做的事情，所走的路很有信心時，別人有什麼資格否

只能不斷供食，基於一份對料理的熱度

定、批評你？雖然我以前也不是所謂中規中矩的學生，但只要願意轉個念，讓自己好過一些，你會發現周遭也會不知不覺產生改變，就像我決定力拚高餐時，很多事情就突然開始順遂了！」保羅．科埃略說過：「當你眞心渴望某樣東西時，全宇宙都會幫助你。」從蓉潔的分享中，我們發現因爲她的專注、她的渴望，很多事情也就在轉念之間產生巧妙變化，雖然她無法解釋這樣的力量，但她知道唯有珍惜這個順遂的時候，世界才會因你而改變。

米芸也有感而發地說：「我人生一路走來到現在，也幾乎都是得到鼓勵居多，剩下那一丁點的批評，應該是來自父母親對我的一些建議，我現在都是臺中與高雄兩邊跑，在來去之間，我雖然能感受不被學校綁住的快活，但我的父母仍是希望我有一份正當穩定的工作。我清楚明白，當我走出自己的道路，爲自己好好生活時，就是爲自己的生活負責。因爲沒有人會一直看著你，我們的任何抉擇，也終將跟隨我們的意志而延展出不同的道路與方向。我一直覺得，只要你喜歡的事情與你眼前的道路沒有衝突，那就是一件最美好的事。」透過米芸的回饋，我們看見她正在努力爲自己所選擇的人生進行最大的實踐，且從實踐

很辛苦、很想哭，卻還是想繼續touch

中去做到完全負責。

一家餐廳能夠永續經營，背後一定有它堅持下去的動力，從兩位老師創業的故事中，我們也發現到「客人」竟是她們一致認爲最堅定的力量。她們表示：「剛開店的時候，有很多的客人一來到我們的店，就非常喜歡這裡，他們甚至害怕出遠門太久，在旅行結束回來後，我們已經將店收起來。而且，除了客人之外，我們各自的學生或朋友，甚至以前的高餐同學，只要大家來到高雄，就會習慣將這裡當作同樂會的據點。因此，你會意識到不能讓它消失，在我們創店的背後，集結了許多來自不同方向的力量，尤其我們又以客人的鼓勵，作爲最根本的堅持。我必須說：『因爲客人跟你是沒有關係的，但他們卻能把我們心裡的油加滿，讓我們可以衝得很久。』因此我非常感謝客人，也珍惜他們。」創業之後，蓉潔與米芸得到了許多不同方向的力量，雖然每個力道都不同，但卻有著共通的初衷，就是希望她們可以更好，大家也深信在她們持續與更多人分享餐飲時，這個夢想與理想永遠都會這麼熱情與奔放。

家永遠都在，無論它以什麼方式呈現著

22

高雄

235巷義大利麵

食魂的昇華．24種夢想的發酵方式

手作　浸釀　上菜

如果說到高雄知名的義大利麵餐廳，宗宜的２３５巷義大利麵，絕對是多數在地人共同推薦的美食。畢業於中廚科的何宗宜同學回首他十年漫長的創業耕耘，從一家小店到逐漸開枝散葉，在這些艱辛的成果一一綻放的同時，宗宜卻認爲這只是當初鎖定市場後及早創業的一種作爲。在談及創業的甘苦之前，宗宜告訴我們，他在尚未進入高餐以前，除了成績不好之外，他在讀高職資訊科的時候，也已經展開打工的生涯。他說：「我的成績一直都很差，讀了高職後，也沒想過要認眞念書，只是覺得那時候有很充裕的時間，允許我去日本料理店打工。大概一直做到快高三時，在即將滿十八歲的當下，突然覺得自己好像不能再這樣混日子下去，但對於未來，我也沒太多想法，剛好那時，我收到高餐獨立招生的資訊。雖然當下心想：『怎麼可能考得上！』但我還是硬著頭皮去考，大概落榜四次後，收到兵單，於是我趁著在擔任憲兵的兩年，好好地將英文重新復習，從最基本的字母開始學習。退伍後，我告訴自己：『這是最後一次報考高餐，

餐　　廳：235巷義大利麵

（高雄市前金區自強三路235巷4號）

校　　友：何宗宜（91學年度二專中餐廚藝科）

沒考上就認命去工作。』果眞，那次我就順利考上了！」在積極的自我鞭策下，重考第五次的宗宜，如願考取自己理想的中廚科，而在這之前，其實每一次的重考，都無形縮短了他與高餐的距離，因爲認知到過去知識累積的不足，他用盡心力做足了準備，只爲了塡補知識的斷層。二十一歲的他，站在高餐面前，他能呈現出自信而不自滿的態度，因爲他知道前方肯定有更大且更難的挑戰等待著他。對此，宗宜也向我

打造一個有溫度的空間，延續料理的熱

過去每個不放棄的念頭都成就了現在的我

們坦言：「進入高餐，因爲學校有英文能力分班的制度，起初我被編列到最後一班，但我不氣餒，最後在畢業時，我身處的班級是英文能力最好的。而且，高餐有個很棒的優點是它不會讓你一直停留在學習理論的學科。令我印象深刻的是，當我在台北君悅飯店實習時，因爲我實習的單位製作的料理是屬於中式菜結合西式菜吃法的創意料理，這有別於中式料理多以傳統呈現的方式，當我看到主廚開出這種創意類型的菜單時，我對於中菜能轉變成西菜的訓練，特別感興趣，也開始嘗試去做做看。」

實習結束後，宗宜也開始積極地規劃自己的料理方向與未來職場，那時，「創業」這個想法，雖然早在他考進高餐前已產生，但他也明白自己還沒有具備開店所要的能力與經驗，於是他決定先前往簡餐店學習如何經營一家店，在熟悉簡餐店的經營模式後，宗宜幸運的得到在高雄漢來飯店廚房火爐的工作。在漢來飯店的這一年，他將廚房裡的許多知識與技術，一併整合成一套專屬自己的廚房作業流程，在飯店看似發展穩定的他，心中卻仍不忘記創業的初衷。就在某個機緣下，宗宜聽聞朋友因爲想創業而四處找人頂替原先的工作，就在宗宜了解友人的想法後，他告訴朋

歡迎來到高雄巷弄裡的馳名美食

友：「你別開火鍋店，我有個想法可提供你去試試看，我發現高雄還沒有平價義大利麵的市場，因爲我算過其中的成本與利潤，我覺得可以執行看看！」在給予友人意見後，宗宜又教導他許多創業的經營技巧，我們對此好奇詢問宗宜：「你怎沒想過要與朋友一起合夥？」宗宜表示：「其實我不太喜歡合夥的生意，因爲在我高餐畢業沒多久時，我有跟別人經營過合夥的生意。那時發現合夥有個潛在問題，就是『時間分配不均』的情況，這是很難全面避免的狀況。」朋友在聽從宗宜的建議與指導後，希望宗宜也能共同加入這項事業，當時的宗宜陷入長考後，告訴友人：「我們既然要合夥，就先把規則都說好吧。」在與朋友達成創業的共識，他們開始積極找尋合適的開店地點。宗宜對此補充：「因爲我曾在漢來工作過，我知道那附近的人潮流量是足夠的，但問題是，那一帶的房租都太貴了。」在人潮與房租的取捨下，他們轉往巷子內找起，於是就在２３５巷這條巷弄裡，誕生了第一間２３５巷義大利麵的創始店。

二〇〇五年五月十二日，他們開啓了２３５巷義大利麵的里程碑。當時在工作的分配上，外場服務由友人負責，宗宜則以內場的廚房爲主。回顧創業初期

因為美味，排隊真的也絕對甘願

的艱辛，宗宜語重心長地說：「剛開始創業眞的很辛苦，除了不會裝潢外，在行銷上也一直抓不到訣竅，而且我一直認爲創業這件事，家人不能干涉其中。因此，當時我們在對外的宣傳上，就全盤交付給股東去包裝。」在一切正積極地籌劃與展現時，他們首要面臨的考驗，是五月的颱風季，當時還在漢來上班的宗宜，一直到了創業的前一個月才提出辭呈。他笑著說：「我辭職時，很多人問我之後要做什麼，其實我都不太敢明講要創業，因爲我那時才二十五歲，而且創業是這麼冒險的事情，萬一我說了，我怕會有許多來自不同觀念的聲音。」即使在低調的情況下如願創了業，他們的挑戰仍如雨後春筍般湧現，最明顯的衝擊是每日營業額最多不超過三千元。當時在廚房工作的宗宜，也曾在一邊做菜時，雙手仍不自覺地顫抖著，因爲他知道這一次的創業，是花了他全部的積蓄，如果沒辦法回收，那他就必須重新再累積。這樣的情況，一直到了某日，有兩位客人因躲雨而來到２３５巷義大利麵，當他們開始享用餐點時，突然驚覺到眼前這份餐點，根本不像一般平價義大利麵所呈現的水準。在好奇心趨使，他們主動詢問製作這份餐點的師傅，當時在廚房的宗宜得知消息，便從廚房走

美食讓聚餐的時刻，變得格外回甘

出來。那一刻相視，他們雙方全嚇住了，原來前來消費的客人，其實是宗宜在漢來上班時，負責幫飯店進行拍攝的公關與攝影師。在彼此交談的過程中，他們相談甚歡，甚至還跟宗宜約了採訪的時間，期望將他們讚不絕口的美味也分享給更多人知道。就這樣，在採訪結束且發行後，引起的是一連串報紙與週刊的競相報導。宗宜對此表示：「那時網路的行銷，不像現在這麼盛行，因此報章雜誌成了廣告宣傳的主要管道。當時我們的店在這些報導陸續曝光後，真的是很強大的力量，從那一刻起，店裡每天生意就開始爆滿。」

團隊，沒有英雄

餐廳人氣爆紅之後，在店內人力瞬間短缺的情況下，宗宜招募了大量的員工，並在該年的十一月有了拓展第二分店的計畫。在這同時，他們也將股東從原先的兩人增至爲三人，宗宜表示：「我們在有了展店的想法後，我和創始股東就有共識要拿出部分股權，增加新的股東進來。我們希望新的股東，能掌控好廚房目前的狀況，再加上那時的外場，遭到客訴的情

廚房的祕密，讓客人自己發現餐盤的驚喜

況愈來愈嚴重，我必須趕快出來整頓外場的服務訓練。」二〇〇六年六月十八日，宗宜拓展了第二間分店，店名為１９３巷，新店創立後，它所帶來的獲利沒有想像中豐厚，原因在於新店背後整個市場的定位，以及消費者的偏好程度皆有相當大的落差。當宗宜在面臨這個困境時，他陷入了一段找尋解答的時期。後來，他發現到大多客人皆反映著同個問題：「為何這裡沒賣火鍋？」宗宜告訴我們：「當時我給２３５巷的定位，是設定在義大利麵的市場，雖然火鍋在高雄算是很大的商機，但我們沒想過要跟進，直到後來我們一行人前往臺南最大的火鍋業市場觀摩，那時我們才驚覺火鍋的商機背後，其實是一個可觀的數字成長。於是就在元旦過後，我們將分店名１９３巷改成２３５巷，同時又將火鍋加進菜單，半年後業績就整個上來了。」

改名之後的第二間２３５巷，總算開始有了穩定的成長。宗宜與夥伴們又如火如荼地展開第三間分店的拓展計畫，他們也觀察到了一個現象，那就是餐飲的市場漸漸開始轉變，宗宜發現到北高雄的人口似有增多的趨勢，新的消費力也開始在這一帶發酵。於是他們決定將第三間分店設在北高雄地區，且努力尋找

讓餐點回到最初的衷心，吃就是要美好

合適的分店據點。宗宜表示：「第三間店，我們找了好久，都是因爲租金過高而讓我們一直猶豫著。直到某天，我在尋找車位時，剛好路過一座公園，看到有一個貼著租售的店面，稍微觀察了四周，發現這裡停車方便，是個不錯的據點。就在我跟該房東聯繫後，才知道這裡曾經淹過水，再加上久未整修才一直空著，那時我決定將這個店面作爲第三間分店的所在，在與其他股東討論時，我說服這些股東讓我大哥一同加入第三間分店的經營團隊。順利簽下租約後，我們讓出二十五％的股份給我大哥，讓他全權負責店內裝潢整修的部分。」原來，宗宜的大哥是一名室內設計師，他在宗宜的團隊裡，扮演著裝潢與設計的角色。宗宜也補充：「當我大哥完成巨蛋店的裝潢後，他還要必須從基層服務開始學起。」在一切都準備完善後，巨蛋店開幕的第一年，整體的業績卻不如預期中理想。當時宗宜他們決定從服務上重新調整，除了積極處理客訴外，他們也檢討餐點的接受程度。漸漸的，這些改變得到了消費者的青睞，現在的巨蛋店，也搖身變成所有分店中，淨利第一的餐廳。宗宜說：「我大哥加入巨蛋店後，雖然在餐點的製作上，有ＳＯＰ的標準作業流程，但東西畢竟是不同人做出來

時間的努力在夢想有了清晰的刻度

的，一定會有落差，我們要做的就是將落差降到最低，而且我知道如果巨蛋店賠了，我哥也會跟著賠，我相信他能掌握得很好。」

在巨蛋店成了２３５巷第三間分店後，宗宜也決定在兩年後，於鳳山拓展第四間２３５巷分店。在這同時，宗宜的大哥也擔任起分店的裝潢設計，從第三間巨蛋店與第四間鳳山店的整體設計開始，便與創始店有著截然不同的設計風格。而在第四間鳳山店也穩定發展後，對於第五、六間臺南店的成立，其實是無心插柳的結果，宗宜告訴我們：「一開始的第五間分店，是想在臺中拓展，後來是因爲我以前的同學想加盟我們，但我告訴他：『我們的店都是直營店，除非你能再找一個臺南的同學輔助你，我再設法讓出一些股份給你們，而且薪水照算、紅利對分。』那時臺南店很快就成立了，雖然頭一年起步比較辛苦，但隨後的進展便開始趨向穩定。」就在臺南店看似順遂的時候，第三年起整體業績卻開始往下掉，因爲落差程度驚人，宗宜告訴臺南的夥伴們：「是不是因爲創店後成長得太快，而開始沒那麼謹慎珍惜了？創業，除了經營者的用心與否，最主要是你有沒有替客人著想，服務不能只有桌邊服務，你們必須要更有溫度地體會

感謝每個師傅的傾囊相授

客人的感受，客人才會眞正感受到這餐廳所傳達的文化。」透過宗宜對夥伴的喊話，他知道客人會因爲產品進而快速認識餐廳，但餐廳背後的服務，往往才是最根深性的品牌認同。

累積，是未來的籌碼

在235巷義大利麵店開枝散葉成六間餐廳的過程，我們看到宗宜的心態始終不變，甚至在每開一間分店時，他心中那個初衷便愈強烈，他說：「高餐對我來說，眞的是一個很好的跳板，因爲學校的資源實在太多了，身旁的同學畢業後在創業上都看得到他們綻放的成果，因此，這些同學都是你以後可能會需要的人脈。同時我想告訴學弟妹學校有太多第一手的餐飲資訊，絕對要好好把握且應用，因爲這些都是集結北中南不同的餐飲形式，舉凡宴會、小吃、日式、西餐、調酒等等，這些都是在身爲學生時，能大量精進自己的時候。」從宗宜的想法中，我們體會到，該學習的時候就盡情去學習，因爲當你面臨必須展現的時候，倘若沒有能力施展才能，那將會是一件非常可惜的事情。當我們還是單純的學生時，大學幾年下來的

每個片段，都是最原始的純樸食材

累積，都將決定我們是否能跟別人與眾不同。宗宜對此也補充：「當時大一實習回來後，有時碰到一些茶宴會或記者會時，老師會全部都交給我執行，當時我可能會稍稍抱怨，但後來我才知道，老師是基於信任才放心將這些事交付給我處理。」

從過去累積到現在豐收的成果看來，因爲累積的價值，讓宗宜有了不斷擴大的舞臺。雖然他在早期創業時，也深刻體會到自己像一塊太早釋放的海綿，一旦釋放完畢後，他根本沒有時間再吸收新的知識與能量。對此他說：「我覺得人生就是這樣，十年前，義大利麵的市場還沒有形成流行的風氣時，如果當時我不敢貿然去創業，現在再叫我創業，我根本不敢去做。」也許因爲年輕，人生的包袱並未過於沉重，即使創業，也只要顧及少數人溫飽就好，但隨著我們的人生包袱愈來愈多時，就開始變得綁手綁腳。宗宜也認爲：「當你在創業時，會發覺身旁的人也開始成家立業，你除了多了一份社會責任外，夥伴與員工的成長，也成了我成就感的來源。因爲大家在這個團隊中，持續成長，所營造的氛圍是一種向上提升的快樂。」透過宗宜所表現出來的創業態度，他讓我們知道很多事情其實是「想到，馬上去做，才不嫌晚。」

潛藏在市區道路的祕密餐廳

退一步，才有格局

在回顧了宗宜與235巷義大利麵的創業故事後，這十年一刻的心情，背後夾帶的風雨與冷暖，卻讓宗宜不以爲然的表示：「我其實不太想接受採訪，因爲如今有這六間的心血，都是大家共同扶持努力的成果，並非我個人的辛勞成就了這一切。我一直都明白，如果不懂得分享，就不會有現在這些分店的誕生，就像當時，我讓我的大哥入股了巨蛋店之後，我也讓年資五年以上的員工開始購買公司的股份。因爲我會想到當初如果沒選擇創業，現在我要結婚、買房子，可能都會相對辛苦些。因此，我不能只有自己變好就好，而我的員工還在煩惱經濟的問題。我常對員工說：『你付出多少努力，你就會有多少收穫。』我覺得235巷義大利麵是一個團隊共同打造的成果，所以不要有什麼個人的傳奇。」因爲分享、讓利，235巷的延續，不再只是一個人的夢想旅程，從一個人出發的旅途，到現在一群人共同努力的方向看來，在宗宜的理念下，分享讓人得到更多，讓利也使人有了對未來負責的動力。

當員工因購買公司股份而有了一份責任後，他所

每次的綻放，都為了讓夢的呈現更清晰

貢獻給整個團隊的力量，只會更加專注，因爲在公司變好，員工也會跟著變好的情況下，所有的付出會變成一份踏實的參與感，當付出變得心甘情願時，公司整體的表現也會隨之提升。宗宜也時常告訴員工：「趕快存錢，機會來就去！當你明白自己想追逐的夢想是什麼以後，如果想要快速實現夢想，就必須要從有熱情的事物上去累積財富。用熱情去賺錢，再用這些錢去實踐夢想。當初我想創業，也是因爲餐飲業是我可以終身去奉行的事業，我用創業去累積我的財富，等到我有一定的積蓄之後，我再去實踐自己的夢想。」在宗宜的熱情鼓勵下，我們心中的夢想，彷彿又距離我們更近了些。因爲熱情，讓我們原先所接觸的一切事物，也開始變得生動且有溫度。回歸到創業，不也是如此嗎？從一個人飽到一群人好，公司的穩定也是一群人共同堅持的努力。從宗宜的想法上，我們明白：「創業，端看我們怎樣去取捨，無論是獨資還是合資，主要是看我們心中有沒有那份想做好的熱情。」宗宜補充道：「我除了常常跟員工對話之外，我也經常告訴股東：『從２３５巷第一間創始店開始，我們一路就是在捨得之中，得到這麼多豐碩的成果，這些分店，不也就是大家捨出來的嗎？』因此

這是關於我的中廚夢想故事

當一個人捨得時，就是分享與讓利；當一群人捨得時，就是茁壯與擴大。這也就是在採訪過程中，宗宜數次提到：「別把光環落在一個人身上，２３５巷義大利麵餐廳，沒有老闆，只有員工。」我們總是認爲，老闆即是光環的聚焦，但從宗宜的分享中，老闆只不過是最初的員工，而往後每個員工，不也都是老闆的代言人，因爲在２３５巷的團隊中，老闆永遠不在餐廳，存在的，是一群有著共同熱情的追夢人。

23

屏東　沙灘小酒館

征服美味・24種夢夢想的實現攻略

手作　浸釀　上菜

海，一段親密的距離

說到墾丁，多數人的想像，大多都是對於海的追隨與嚮往。因此，儘管旅途有跋涉的難耐，卻因爲看見舒服的藍，而讓視覺得到了安撫，一切好似中和所言：「看到海就有一種安心的感覺。」確實，海有一種魔力，雖然每個人感動的點不同，但靠近海，心就不自覺忘了執著與煩惱，或許海本身就蘊藏一份治癒的能力。沙灘小酒館置身在船帆石的路上，那時正值夏日炎炎的暑假，但也最靠近墾丁給人的溫度。餐管科畢業的張中和是在地的恆春人，自小父母親經營小吃攤，引發他對於料理有著初步的興趣。他笑著說：「我很喜歡看食物靠著火的溫度變成料理，這個過程很像魔術表演，讓我一直深感興趣。」，他認爲廚師是一份很好的志業，因此國中畢業時，選擇了恆春工商第一屆餐飲管理科。那時的教育方式，就像在高餐三明治教學一樣，他們可以在當地知名的凱薩大飯店見習，因爲這個好的開始，讓他在高職畢業後，雖沒有立即升學，但他知道自己也不會放棄走餐飲這條路。

餐　　廳：沙灘小酒館
（屏東市恆春鎮船帆路230號）
校　　友：張中和（86學年度二專餐飲管理科）

夢想與海洋的顏色，就是這麼舒服

到臺北工作的中和，前後分別參與過咖啡店員、調酒師的角色。他笑說：「那時我上的是夜班，雖然是擔任調酒站的工作，但我覺得自己更像是一位心理醫生，當我面對許多不同階層與狀況的客人時，我知道要如何去聆聽他們的聲音，有時候我根本不用給他們建議或答案，那時我在工作中得到的收穫，讓我往後成長得很迅速。」在夜班結束後，他一早即前往補習班學習英文，在這過程中，他無意間看到補習班已經開始有高餐招生的消息。在密集的衝刺下，他形容：「在考高餐的那段時光中，眞的是把自己放在一個追逐夢想的路程，那時的我完全不感到恐懼，因爲在那當下，我只有一心渴望能考進去的想法。」北上工作一段時間的中和，雖然暫時脫離學生的狀態，但他卻沒有停止學習，除了在職場上的餐飲學習外，他也不斷地充實自己多方面的知識。進入高餐，由於是第一屆高餐二專，當時的學生很少，但中和卻相當懷念這樣的生活，他說：「我們當時的生活，是相當密集的教育方式，但也因爲學校選擇堅持這樣的理念，才成就了後來第二、三屆的穩定，而在高餐很多課程都讓我在畢業後，確實運用上了。像是美術欣賞、音樂領賞的課程，其中我對於宴會這門課，感受最深

讓生活可以保持一份隨時對熱情呼應的想像

刻，因爲它讓我體驗到每個角色的職責與能力，從中我更了解到自己究竟適合往哪個職位發揮。我想說的是，進入高餐不是爲了這個文憑，而是要拿走老師們教給我們的東西。」

在高餐這兩年的期間，中和也有過挫敗的時候。當時他的英文因爲不及格而面臨重修，在專二實習期間，他仍需從臺北搭飛機，趕回高餐與專一的學弟妹一同上英文課。在奔波的過程中，他意識到語言是相當重要的能力，從那一刻起他開始安分而紮實地學習，如今的他，已具備非常流暢的口說能力。他說：「很多事情，我都是先準備起來，從來沒有預先設想何時能派上用場。我很想建議學弟妹的是，如果你在實習中就對餐飲這個行業抱持高度的熱情，那我希望你們可以到每個餐飲業走走看看。不要覺得我是高餐畢業的，就不能從事小吃店，很多事情都是從資淺開始學習，如果一開始就待在很高的位置，那發展空間也必然有限。例如從服務生開始，因爲承擔的壓力較小，你可以犯錯，可以被原諒，從中還能了解到自己欠缺什麼能力，如果一開始就擔任起核心的職務，你沒能有犯錯的權力，因爲愈高的職位，本來就要具備愈沉穩的表現。」當我們還是餐飲的新鮮人時，別把

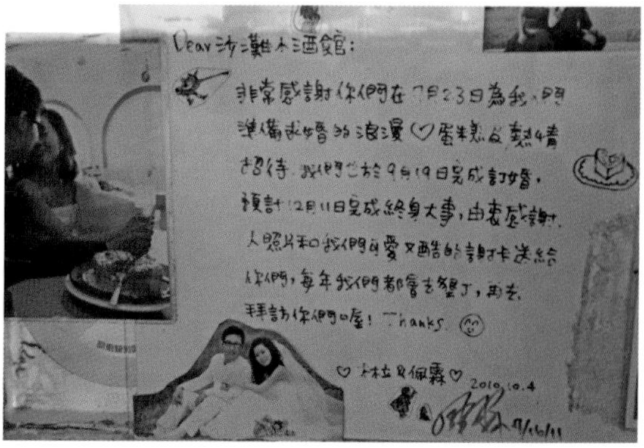

過往每個點滴，都成了擺設下最有溫度的故事

自己放得太高，或許才能回到餐飲最基礎的本質面。我們除了要有高度的專業來輔佐外，也必須擁有能屈能伸的姿態，雖然累積的過程，難免會經歷一段痛苦難耐的時期，但當這些辛苦變成本事時，你會由衷感謝當初堅持下去的自己。

面向海天，心很靠近

在高餐實習時，中和選擇來來飯店作爲實習單位，那時他擔任的位置是大廳酒吧的工作，在實習的訓練中，讓他逐漸累積許多酒品的知識與技能。畢業後，他立即前往飯店工作。他表示：「那時待的飯店是屬於商業型飯店，而非一般度假型飯店，在制度上，商業型飯店的ＳＯＰ是不太會變動，不像度假型飯店總喜歡安排一些「驚喜」給客人。那時候我每天的生活，就是追著數字跑。我也從中感受到，比我強的人實在太多了，我看不到自己可以發揮的空間，於是就離開了。」在出發點不同的制度下，中和也感受到自己的選擇必須有所更換。那時預計在三十歲創業的他，在缺乏資本的同時，他便決定去複合式餐廳應徵服務生。他笑說：「當初創業前，除了要有資本

料理，延續的是一份感動與記憶

外，還必須具備創業的多項經驗，當初只是覺得這家店的規模相當單純，而且菜單都是每日更換，在學習之餘也深具挑戰性，我就隱藏高餐的學歷去應徵了。」

在擔任服務生時，中和有著不同的解讀，他認爲如果只把自己當作服務生，那就只會做服務生該做的事情，當時的他不只把自己當作一名專業的服務人員，因此什麼角色他都願意去嘗試。像是空班時，他開始協助廚房的工作，休息或下班後，他也主動幫忙所有的清潔與備料的工作，這樣的付出，也讓餐廳人員看到他肯學的心態，而給予教導和協助。雖然一開始的中和，是以服務生的角色進場，但透過積極與主動的表現，人格特質就能從中發揮。他說：「即使我的職務只是個服務生，但我表現出來的卻與一般服務生不同，甚至後來跟客人互動，也一直被誤以爲是老闆，因爲我熟悉每一道料理的特色與烹調，所以在介紹餐點時，我會形容得很不一樣，這時候客人就會覺得你不是老闆，那誰才是老闆？我想告訴現在從事餐飲的學弟妹，要趕快做決定是否堅持這條路，也別害怕太晚這件事，最怕是你不知道自己要做什麼。」

在這家餐廳服務的期間，中和遇到許多人的賞識

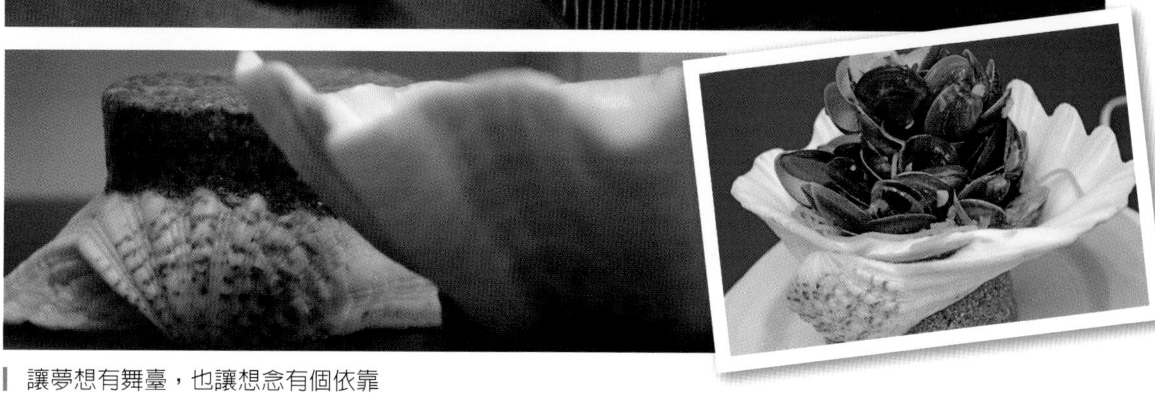

讓夢想有舞臺，也讓想念有個依靠

與挖角，但他都拒絕了，他覺得自己已經擁有一個很棒的學習環境，因此在他的眼中，他看到的不是薪水，而是未來。三年過去了，他選擇在俱樂部的運動餐廳，擔任總店長一職，也開啓了他另一段累積創業經驗的歷程。那時候的他，從支薪到經營，一手打理，僅能憑著自己過往類似經驗的評估，從舉辦歌手的新歌發表會到逐漸累積媒體圈的人脈，這些事情的操作模式，就像當時在高餐的「宴會」課程那樣生動寫實。而在這段三年的店長經驗裡，中和的多方面能力也已經純熟得相當完備。當時，碰巧遇上中和的姊姊在恆春開了民宿，當時主動負責製作早餐的中和，這時才有了回家創業的想法。他告訴校方：「姊姊的民宿對面就是海，早期我是從臺北坐夜車趕下來恆春幫她製作早點。持續一段時間後，生意愈來愈好。我也就打算辭掉俱樂部，好好回來經營，當時除了做些早餐之外，因爲我很喜歡做菜，就將自己喜歡的料理做出來給客人品嘗，結果客人反應都很棒。後來我們的民宿因爲明星住過，有了很強大的推薦，進而使知名度漸開。隨後節目也來報導我們，名聲就此而傳開。」

隨著姊姊的民宿日漸起色下，中和也更加凝聚起

我的人生有海，就像生活不能沒有美食

創業的夢想。只是在資金上，他仍是處在欠缺的狀態。一直到某個契機點，他笑著說：「當你眞的想做一件事情的時候，伯樂就出現了！」原來，在經營民宿的過程中，有許多的客人早已變成熟客。那一次，中和與幾名從事網拍工作的客人聊天時，碰巧談到自己想開餐廳的夢想，幾名熟客在了解他沒有資金可創業的情況下，竟願意拿出百萬來支持他開店，驚訝之餘，仍是堅持以借貸的方式慢慢償還給她們。他感性地說：「大家都不敢相信，沙灘小酒館的誕生，是源自一群從事網拍工作的女子贊助。我一直相信，所謂『貴人』，並不是你渴望就能求來的，從她們的讚美中讓我知道，原來生活上每個大小事，都可能就此改變你的未來，因爲她們品嘗過我的料理，進而相信我有創業的本事。」從中和的描述裡，大家相信他的成功不只是幸運的偶然，回歸過去從他身上看到的餐飲經驗，就能說明成功必須千錘百鍊。從那些贊助客的身上，或許「貴人」就是一群想幫助你成功的人，因爲他們看到了你的價值。你若不成功，他們都會爲你感到可惜。

正式開始經營沙灘小酒館後，中和沒有往人潮聚集的鬧區發展，反倒選在自己住的房子開店。他說：

「我喜歡沒有壓力的開店方式，而且選在自己的房子創業，那是一件多麼美好的事。」只是小酒館的初期，因爲沒有名氣，客人也無從上門。開店後，光是入夜沒有客人的日子，大概有將近二十天，甚至一個禮拜中有一天是完全沒有客人的生意。因此，每當有客人上門時，中和都會格外珍惜，儘管從服務到烹飪，甚至到清潔全是他一手包辦，但每每在客人激動地稱讚後，那份感動就會持續讓他做下去。後來生意漸漸有了起色，在一人經營的情況下，很多客人都會主動幫他。中和表示：「有時客滿時，客人會擔心自己吃得太慢，影響後面的客人上門，那時我會很瀟灑地走到門口將牌子轉成『客滿』，因爲我不想讓我的客人在用餐時感到緊張。」這樣舉動，讓持續消費的客人漸漸都變成很好的朋友。透過這段創業初期的分享，讓人明白到「當你的夢想有這麼多人支持時，那些伴隨而來的成就與感動，是超越金錢的價值。」

我在料理，我在想你

漸漸的，小酒館從只有一樓到如今的二樓，這一路的歷程，留下了許多讓他堅持的原因。其中，有部分來自中和的父母給他的回憶，在一家成熟的餐廳中，經典的招牌料理，代表著一家餐廳的味道，就像沙灘小酒館的鐵板冰淇淋以及白酒蛤蜊義大利麵，中

給您最踏實的想像，就是歡迎光臨

每個料理都可以承載一個驚喜

和告訴我們：「白酒蛤蜊義大利麵這道料理，是在我生命中相當重要的餐點，以前我爸爸是討海人，因此海對我來說，是一種不可取代的歸屬。父親過世後，我複製他的藝術品作爲餐具，每當我在製作這份料理時，我就想像著自己正在與父親對話。」從高餐畢業後，一路向北的發展，他曾說過：「自己不管到了哪裡，都希望是個離海不遠的地方。」最後，他又繞回到了家鄉，因爲「靠山吃山，靠海吃海」的道理對他來說，是格外眞實的體會。

創業穩定之後，中和更加有了想申請商標的計畫，雖然歷經了一年，也總算克服所有的審核，最終，他得以保留「沙灘小酒館」這商標的獨特性。且在商標的設計下，他以法國國旗的紅、藍、白，象徵博愛、自由、平等，透過這三種顏色的含意，同時也回歸到在地環境的文化。他說：「現在愈來愈少人知道，墾丁曾經是個捕鯨港，十年前在墾丁的某些海域上，是一大片紅色的血海，雖然這是一段在地的歷史，但我希望透過身爲在地人的傳述，來告訴更多人『捕鯨雖是慘忍，但這段歷史不能被淹沒』。因此我在許多機緣下，又重新找到當時的捕鯨人，也找到一些紀錄與相片，我很想將這些歲月的歷史軌跡，結合

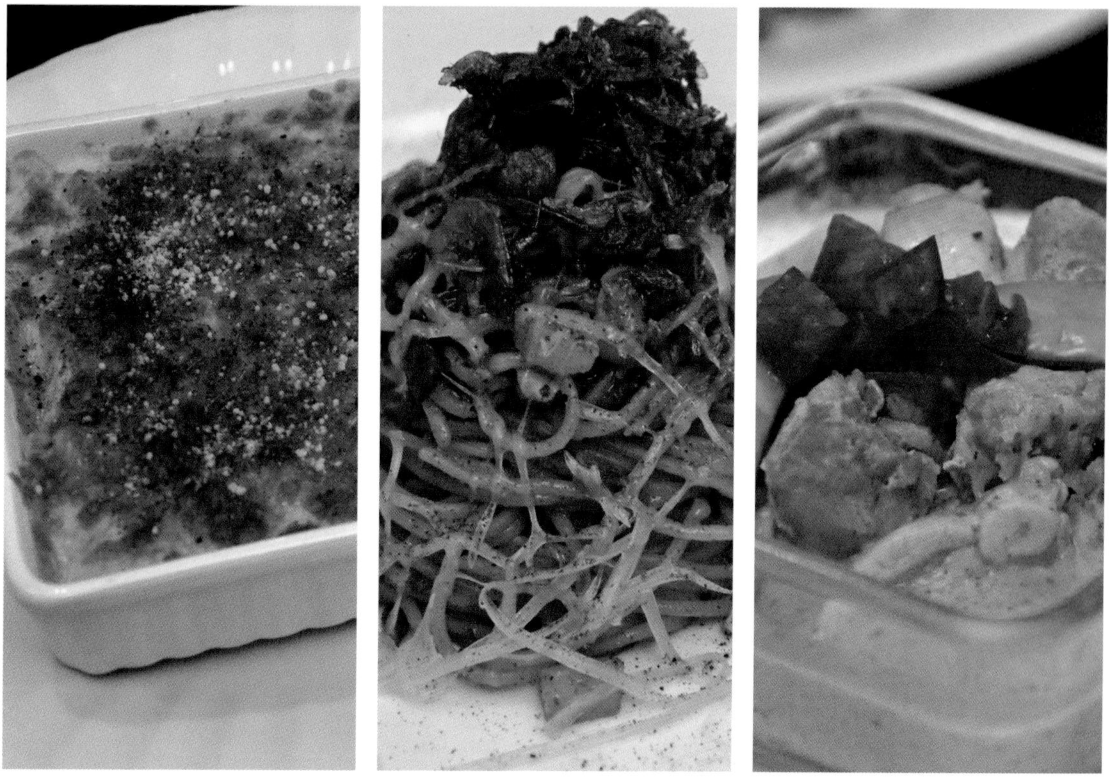

食物的結合，往往能變出感動無限的滋味

在未來更大的夢想藍圖上，並且將父親的藝術品拿出來展示，這會讓我覺得是與父親共同成就的夢想。最後我想以鯨豚擱淺的現象，反思到『如果夢想是一種信仰，那麼擱淺算不算也是一種信仰？』是什麼力量可以讓牠們奮不顧身地完成這件事情？而我又是因爲什麼力量讓我非得去做這件事，即便以後我不再煮菜了，這個故事我能夠繼續講下去。」

除了將料理與在地人文結合外，中和對於員工，始終懷著一份感謝的心情，雖然在創業中所遇到的瓶頸，多半來自員工並非餐飲科出身，在傳達理念上較無法直接產生共識，這樣的磨合期，有時會受到客人的責問，但中和仍是感謝每位員工的付出，他說：「我們的員工，有一些是來『娶漂』的，因此在人力資源上並沒有太多的選擇。當我們處在青黃不接的狀態時，整體的表現可能就會受到質疑與批評，但我告訴所有員工『只要你想在這裡工作，沒有人可以把你趕走』。因爲沙灘小酒館是屬於員工，同時也屬於喜歡在這裡工作的人。」從這一段採訪中，我們深深感受到中和用心對待員工的溫暖，他除了帶員工去旅行之外，更帶領年資滿三年的員工前往法國度假，只因爲他明白「當老闆之後，看到的是每一個細節，因此

來自大海最好的孕育，有滋潤了我們

很在乎員工，是因爲他們都代表著我」。當他用心對待員工時，員工也會以同樣的方式款待客人。在服務客人這點上，中和一直有著「不好就不收錢」的理念。他表示：「我們不會因爲多了這幾百塊而變得富有，但如果影響客人專程而來的心情，那會是我們非常不樂見的事情。甚至當大家都在說ＳＯＰ的時候，我卻認爲ＳＯＰ沒有辦法複製我的個性與理念，有時用太專業的角度去看待一個人的夢想時，對於那個夢想經營者來說，是一件很沉重的事情，所以與其說夢想，不如說是一份感情的傳承，讓這樣的溫度得以被延續。」

美食＋旅行＋分享＝生活

從創業一直發展到此刻的狀態，中和更能掌握生活中的每個節奏與片段，雖然開店至今已九年，沙灘小酒館卻依舊受到客人熱情地光顧，但每當到了墾丁的冬天，在所謂淡季的情況下，中和便有了想關店一個月到法國旅行的衝動，因爲早在高餐時期，他便結識了許多法國朋友，他說：「當時因爲有高餐二十四天的海外參訪經驗，我們遊歷了七個國家，我愛上歐

只要海風持續光顧，這裡永遠都心曠神怡

洲，愛上旅行的感覺。於是我就想趁著淡季，再重新感受當時旅行的狀態，結果這個決定，反而變成另類的行銷手法，客人會開始說這小酒館的老闆很酷，居然店關了就跑出去玩，一直到現在，客人還會持續問著『老闆又出國去玩啦？』透過這些過程，也讓客人感受到不同的經營方式下，老闆獨特的生活模式。」因此每當到了淡季，中和必定會前往法國旅行，從他的收穫當中，也告訴我們：「法國人的浪漫其實不能稱之爲浪漫，而是他們懂得生活。」長期往返法國的中和，也了解到，我們以爲法國人的生活美學就是「浪漫」，其實只是選擇不同的生活方式，在旅行的過程中，他除了累積見聞之外，也收集了每個地方讓他曾經很感動的食物。他笑著說：「有時候整趟旅行下來，我可能只記得自己吃過多麼好吃難忘的食物，但那也許就是我珍藏的旅行回憶。」

開始旅行之後的中和，也有了更多的巧思來打造自己的餐廳，他甚至在出國前夕，將自己的房間改造成民宿，因爲布置得太浪漫，而時常被客人指定要入住，後來，他還是把房間改裝成廚房。他認爲：「至少在那個當下，我有把它拿出來分享，因此我不會覺得可惜。」有了這次改變民宿經驗的他，後來也將旅

不同料理的溫度，背後都有一份熱忱的心去運行

行所收集到各式各樣的物品，擺放在自己的民宿裡，像是錢幣、票根等等充滿歷史性的紀念品。他表示：「接下來我還想要將民宿打造成充滿臺灣風格與經典法國的形式，其中也會有法國的骨董與臺灣的傳統家具。」因爲旅行，中和開啓了另一種不同形式的生活。對於法國的嚮往，還有在地人文的執著，他都想要結合在自己創業的夢想上，當美食與旅行經由分享來表現時，它所呈現的狀態，就好像墾丁給人的自在與舒暢。這時我們好奇地問中和：「是否有想過在其他地方另創分店？」他告訴大家：「我沒有開分店這樣的打算。因爲沙灘小酒館不管開在哪個城市，它背後所帶給人的意義，都不像在墾丁來得深刻，在難以被複製的情況下，無論是整體的風味或感受，就如同我不能被複製一樣。」

到了訪談最後，中和有感而發地表示：「現在的理想，根源上還是有著初衷作爲起點。就像在高餐時，當初我是以吊車尾的成績考進去，但畢業那天，我卻拿到許多獎項。那時我就明白，學校並不是以分數來評定一個學生，因此當我從學校畢業後，不管自己身在哪個職務，我還是持續學習。」從先前的訪談中，我們看到中和在應徵餐廳服務生時，他刻意隱藏

生活就是一種料理的最美好的狀態

高餐的學歷，其原因在於他認爲自己是一個學習者的角色，同時也害怕以這樣高學歷的身分進場，店家反倒會不敢錄用。透過這樣的意識，讓我們明白到「在擔任什麼角色時，就呈現那角色該有的態度」。或許其餘的裝飾，在那一刻都會成爲包袱，因此在開店中，我們必須融入在整個團隊的脈絡底下。中和也認爲：「老闆成就不了事業，事業要靠員工來共同完成，期間你不能太自私，只有無私的分享，才會使你夢想完成得更快。我們光用想像要把夢想從名詞變成動詞，就是一件非常吃力的事情，因此你只能在無私下，散發對餐飲的熱情，而這份熱情它也會感染整個團隊的執行力。」當我們在實踐夢想的過程中，如果沒有持續運轉的熱情，那就會變成相當辛苦的工作。因爲中和的熱情、無私分享、款待客人如對待員工，讓他在創業的過程中，能夠如此穩定地成長。他卻只笑說：「我只是把工作當作興趣，因此我不覺得自己在工作。」

愛上台東
Fall in love with Taitung

24

臺東

愛上台東義式餐廳

食之有味・24種夢想的苦盡甘來

離開舒適圈前的激烈熱身

在前往臺東的路上，沿途看到群峰層巒疊嶂，海天一線的景色，不禁讓人心曠神怡，心情放鬆了起來。在抵達臺東時，我們在漢中街路上，瞧見那醒目的「愛上台東」的招牌。在志盛熱情地款待之下，校友餐廳採訪也悄悄揭開序幕。畢業於旅館科的廖志盛一開口便告訴我們：「以前我的程度眞的很差，差到連當時分數最低的二專也沒辦法考上。直到後來考進高餐，我格外珍惜這個求學的機會，因爲我是高餐專科第一屆的學生，當時學校招生的方式是以獨招進行，我發現一個很有趣的現象，就是我們第一屆到第四屆的學生都已經在補習班就認識了。因爲當時全臺灣的補習班，只有高雄與臺北專門負責餐專的考試，而且學校的考試也很特別，例如它的英文聽力測驗設有最低的門檻要求，但眞正讓我幸運考上的原因是，學校將招生的人數平均拆成男女各半。」在志盛的形容下，我們看到他之所以將高餐視爲首選，原因在於它是一間以培育專業爲宗旨的學校，這在當時是相當創新又極具前瞻性的作風。志盛提到：「進入高餐後，我

餐　　廳：愛上台東義式餐廳

（臺東縣臺東市漢中街13號）

校　　友：廖志盛（86學年度二專旅館管理科）

手作　浸釀　上菜

想給您一份愛上台東的滋味

們還可以在畢業以前，到海外參訪。在早期這種活動還沒有很流行時，對於一個學生來說，眞的是一個非常別具意義也難能可貴的壯遊經驗。這十七天，我們到了歐洲各地，也去了最棒的餐廳與飯店，這眞的是非常不容易的事情。」

早期高餐因爲學生人數較少，因此在師生之間的互動也較熱絡頻繁，甚至很多時候就像朋友一樣相處。對此志盛說：「我們這批早期的餐專生，或許因爲集體住校的緣故，在同儕之間的互動，我們的共識度還滿紮實的。而在餐專這兩年間，因爲每半年就得出去實習一次，在學校的時間其實也只有短短一年，但在這一年當中，我們還是要修八十四個學分，我們的報告形式多半都是企業參訪，或者到餐廳拜訪老闆；到了傍晚，我們還要聽兩個小時的演講，結束之後還有社團的活動，在學校採取軍事化的教育下一切變得非常有秩序。」因爲整體環境的風氣帶領下，進而讓早期高餐的學生留下了深刻難忘的求學記憶。在餐專時期，因爲同學間的年齡層不一，因此形成了學生與老師年紀相當的現象。志盛告訴我們：「班上這些『大人同學』，他們多半都會成爲班級的幹部，從他們的行爲表現上，可以學到盡責的態度，不知不覺

放棄臺北只為來到這裡生活

中，這股意識會轉變成對餐飲業該具備的一份使命感。」因此在談到早期餐專的這些校友身上，他們除了對餐飲抱持著極高的使命外，同時在專業的進退表現上相當成熟。志盛認爲：「現在很多人會說高餐光環，但這份光環對於當時的我們來說，它是一份責任與使命。因爲我們認同這份精神，所以自然而然表現出來的態度，即是一種由衷尊重餐飲的態度，雖然現在大家都在倡導餐飲服務的標準作業流程，但標準化的背後，會讓諸多前輩所貫徹的理念與訓練逐漸被忽略。」從志盛的分享中，或許回到學習的本質面來看，很多事情都是十年磨一劍的道理。雖然志盛笑說自己不是讀廚藝科，因此很難體會這樣的辛苦，但他知道感受過這種態度後，再去從事餐飲相關的事情時，會格外變得順遂許多。

在一年內，修滿八十幾個學分，在在讓人感受到高餐這兩年的訓練，在時間精準分割下事情有了效率。班級中這些「大人同學」的表現，正是我們值得去學習的典範。在經歷過這麼飽滿又充實的歲月後，志盛有感而發地說：「面對當時學校的密集式教育，現在想起，還是歷歷在目。同時，我也會不自覺地回想當初實習時，得到許多業界師傅的傾囊相授。因爲這些實習的機會，都是高餐老師親自去拜託臺灣知名的飯店、餐廳、旅行社，爭取到的寶貴名額。因此當我們以領頭羊的身分出去實習時，我會想到倘若我們做得不好，那往後的學弟妹該如何延續這麼好的機會。」在服務業的道路上，志盛始終相信只要自己肯認眞、願意付出，那所有人都會很樂意幫助我們。從畢業的那年來看，志盛的班級中有七成的同學都前往業界打拚。那時一畢業就立刻結婚的志盛，因爲身爲

夢想有時候是一盞不熄的燈

絡繹不絕的肯定，心會更踏實

長子，他正打算回到臺北的老家，幫忙分擔家裡的麵包店工作。他說：「高餐畢業後，我帶著太太回到臺北的家，幫忙協助家裡的事業。漸漸的，發現做到後來自己眞的開始怕了。原因在於看到父母親把全部的時間，都壓縮在工作上，一年到頭從未放過假，因爲他們認爲景氣會循環，因此要努力把握賺錢的時機，在產業循環之前得到一席之地。」在回到家族事業的經營下，志盛漸漸喪失對生活的熱情與想像。直到有天，他再也忍不住對外面世界的嚮往，進而告知父母，自己想外出工作的想法。之後，從直銷到保險業，他累積了許多與人互動的實際經驗，從中他也爭取到一段能放鬆休息的時間。他告訴我們：「原先我想要帶太太到泰國玩五天，後來我們想到五天後，還是要回來工作，於是決定前往臺東自助旅行一個月。」

島內移民的開拓者

在決定將旅行的日期拉長後，他說：「臺東在我那個時代來看，它給我的印象，眞的就停留在很原始的想像中。不過，這也符合我們想離開臺北的另一種

今天想要什麼好心情？

生活追求，於是我們就在臺東租了一間小套房，然後將臺北的家當全部寄下來。當時我和太太兩人，對於臺東這趟旅行，沒有規劃任何行程，純粹只是想跳脫原本枯燥的生活，在臺東的白天時，我就看著漫畫，太太則去洗頭；中午過後，我們就騎著車到處吃喝玩樂，那時的生活，也真正感受到什麼叫做悠閒。」在臺東生活一個月後，志盛與太太就此愛上了臺東，他們打算搬來這裡生活，只不過這個想法，在志盛告知家人時，卻引發了一場家庭革命。家人不能理解的是，到臺東生活，那要靠什麼養活自己？雖然志盛是個喜歡冒險，也樂於追求創新、突破的人，但他心中也明白，自己若是到了臺東，那要做什麼工作養活一家人。志盛告訴我們：「其實我當下也很矛盾，但我很堅決，這可能是我最後一次可以義無反顧的機會，畢竟，我已經成家了，我必須要替兩個人的未來著想。那時，我向家人爭取到外出工作一年的機會，我想我只能趁著這一年的時間，好好地充實自己的多項能力，學成再到臺東創業。」

在決定展開工作的這一年裡，志盛卻面臨一個問題，就是他已經二十八歲了，從應徵學徒的立場上，許多人或許會認爲他有什麼的目的，是不是想偷學技

用心烹煮每個自然的感動

術，還是另有所圖。因此，志盛放棄了學徒的工作，選擇到平價的料理店工作，持續工作一段時間後，他另外找到了一家高級的西餐廳，他說：「進到西餐廳後，我才開了眼界，見識到原來看似平價的料理可以包裝得這麼貴，當餐廳師傅知道我想創業時，還特地吩咐給我做員工餐的機會，我在沒有抓好預算的情況下，搞到後來有一個月的時間都煮泡麵給師傅們吃。隨著我開始大量學習，甚至只要我有休假時，我都會坐火車到臺東觀察整體的創業趨勢。」在西餐廳的訓練下，志盛開始懂得如何掌握料理的表現，隨後他又前往另一間吃到飽的餐廳繼續學習，從中他也學到如何降低成本、如何有效率的出菜、如何追求極快速的餐飲模式。在學有所成之後，他轉換到五十元的平價義大利麵工作，在這段時期內，他學到了市場的定位與如何用價格來區分消費族群，他發現到平價義大利麵的族群，幾乎全是學生。透過這一次次不同餐飲形式的成長，志盛始終運用著高餐所帶給他的那個核心態度：「做什麼就全心全意去做。」當他知道自己能力欠缺時，他就會提早上班，花更多的時間來學習。因爲他認爲：「回到工作的現實面，當你認眞面對自己的工作時，別人才有對我們傾囊相授的意願，甚至

一次次的轉型，只希望凝聚更多感動

當我們要求更好的待遇時，不如先把產值做出來，再去談籌碼。」

從這一年的工作中，志盛體認到自己已無退路，只能不斷地累積創業的能力，他也付出積極的態度，讓許多人都願意幫助他。甚至在決定創業前，他工作上的老闆還給了志盛許多設備，對此他表示：「在餐廳工作時，我很幸運能夠參與到別人的營運模式，從水電、裝潢、設備的裝置上，我儲備許多創業該具備的能力，後來，我和太太在這一年的努力下，總共籌出五十萬來做爲創業的基金，同時也爲了再降低支出，我們找到了快關閉的餐廳，大量收購了他們的桌椅。在許多設備上，我們都自己動手去試著做做看，畢竟在過去工作的經驗下，有一部分是能夠執行的。最後，我們只花了十萬在廚房上，就把創業該呈現的模樣如實展現出來。」開始創業的志盛，他以「我退休、我移民臺東」的故事來包裝自己的事業。開業後，在每天烹煮一百多份餐點的情況下，才開幕第三天，志盛就住院了，他說：「當時在臺東創業，我的餐點是以飯店的水準，推出平價式消費，果然一炮而紅，三個月的新店效應過後，我們依然沒倒，是因爲這都是我用命去撐的。」隨著創業的發展達到一定程

一口美味，生活就有更多好的發酵

度時，志盛才猛然意識到自己最初來臺東創業的動機是想要體驗臺東帶給他的悠閒生活，在基於這個想法能順利運行的前提下，他與太太決定開始不定時休息。他說：「調整創業的模式後，我們第一年的創業，大概只有工作半年。因爲我們以『愛上台東』做爲招牌時，它所呈現的概念是非常鮮明的故事，因此每當我們有營業的時候，生意就會爆滿，甚至媒體、雜誌都會不定時來採訪。」在邁入創業第二年的穩定發展下，志盛聘請了員工，同時也即將與太太迎接他們第一個寶寶。不過這時候，志盛卻發覺到，那些賺來的錢，在扣除小孩、員工、創業支出後，留下來的已所剩無幾。另外，志盛也向我們分享一個插曲：「我太太要生第一胎時，我索性就在暑假把店關了兩個月，那時大家都以爲『愛上台東』倒了。到了九月時，我才悄悄重新開業，結果生意竟比以前還要好。在這同時，我太太又懷了第二胎，開業的爆滿程度，也一直持續到第二胎出生之後。」

轉型，只為銜接時代的脈搏

如願在臺東創業後，又隨即擁有兩個嗷嗷待哺的

每一份餐點，都是夢想的轉移

小孩，在這樣的忙碌狀態下，志盛決定讓太太先回到臺中的娘家，好好專心休養身體與照顧小孩。獨自留在臺東的志盛，也開始思考未來的發展，他笑著說：「當我努力計畫未來要怎樣執行時，我竟發現到自己過去所學的很多知識，都還給學校老師了。後來我只能透過再去進修上課，同時在臺東進行市場問卷調查，我才驚覺到只有三成的臺東居民知道『愛上台東』，這三成的族群也都是以學生爲主，這讓我明白還有七成的族群根本不曉得我的存在。」就在志盛思考該如何解決這個問題時，他的太太也回到臺東協助他，因此志盛有了將「愛上台東」進行第二次轉型的計畫。他在重新調整餐廳的裝潢與菜單後，原先的學生族群在因爲價格提升後便下滑了，但這也吸引到家庭族群前來消費，轉型後的第二代愛上台東，在整體的營運上得到穩定的提升時，又遇上了臺灣食品風暴的毒奶粉、瘦肉精、美國牛肉等的問題。

在食安風波稍稍平息之後，志盛又重新思考讓愛上台東有第三次的轉型，他希望透過這幾年的創業經驗，將餐廳的運作調整得更好。志盛也補充：「第三代的愛上台東，它在餐廳的整體氛圍上，又更趨向家庭式的浪漫氣氛，同時我們的菜單也從初次轉型的

品嘗臺東最愜意的一種感受

一百多項刪減到第三次轉型的四十幾項，雖然在菜單的取捨上，我們多少會流失偏好固定菜色的一些客群，但當我將產品的經營一律數字化時，我才能清楚知道哪項產品是主流趨勢。」而第三代的愛上台東，在整個規劃與裝潢的過程，只花了短短一個月時間，除了要陸續拆除舊店的工作之外，還有顧及新店的裝潢，在第三代愛上台東正式開幕後，又遇到油煙、停車等問題。志盛說：「才剛剛處理完硬體設備的問題，我們又被檢舉沒有開立發票，甚至當我們人氣逐漸上升時，我們又被推崇成指標性的模範餐廳，因此我前後增設了勞健保，也支付了處理垃圾的環境保護費，以第一代到第三代的愛上台東來看，每一代都有人說不好，但我們還是這樣發展過來了。後來我發現，每一個逆境都是一種考驗，從開立發票、勞健保、環保等問題上，我該如何由弊轉成利，這就必須要真正去了解這些事情背後有多少我能夠運用的價值。後來我在清楚這些事情的利弊之後，我前後一共申請了原住民補助、勞動部中小企業人力提升計畫、雇用獎勵措施以及申請臺東第一家環保餐廳。甚至到後來，愛上台東只賣晚餐，我企圖改變客人的用餐時間，進而讓利潤產值能達到最大化。」

料理，是一種生活的調劑品

如今，第三代的愛上台東，志盛聘用了臺東當地的年輕人，甚至所有菜單的討論，全體員工皆能參與。志盛認爲：「早期我所開創的愛上台東的時代已經過去了，當時來到臺東，確實沒有觀光的風氣，也沒有人熱愛臺東，但隨著臺東整體的觀光帶動起旅行的文化時，我就開始退居幕後，不再以個人的故事來做爲宣傳，我還是會透過分享，來推廣臺東，讓全世界都可以一起愛上臺東，在我來到臺東創業的第二年時，我們便已使用在地的食材，因爲在地食材的背後是對於這塊土地文化的認同，同時我們也對地方公益，投注持續的關懷。」志盛告訴我們三則非常溫馨的故事，第一則是位於臺東長濱沿海的國小，因爲多數的學童都是隔代教養，許多孩子從未吃過義大利麵，於是志盛一群人便親臨現場，在半個鐘頭的時間內，煮了一百多份的義大利麵餐；第二則同樣是志盛前往南橫的國小，分享義大利麵餐點給小學生品嘗，但這次的挑戰更大了，他們要在半個鐘頭內製作完兩百份餐點，最後他們克服了時間的挑戰，順利完成這兩百份的餐點；第三則故事，是發生在兒童節，志盛一群人前往臺東最南邊的國小，他們利用義大利的米型麵來製作粽子，看著每位小學童因爲美食而流露出

從每個散落到夢想零件開始說起

天眞模樣，所有的辛勞與汗水，感到最踏實的慰勞。

時間放在哪，成就便在那

透過志盛從臺北到臺東的這段島內移民之旅，我們看見愛上台東一次次的轉型，在轉型的背後，同時也更加凝聚志盛的理想。他說：「在餐飲業上，根本不可能做的事情，它就不可能呈現，倘若眞的呈現了，這背後也一定有相當紮實的力量支撐著，不然夢想怎麼會有說服力呢？」從志盛的這番話，我們知道創業只會更辛苦，唯有突破更艱鉅的挑戰，才能走向更高的境界。在成功的路上，因爲中途放棄的人太多了，所以成功才會被視爲這麼可貴的事。誠如志盛補充的：「每個難關都是儲備能量的最好時期，一直解決問題的過程，能力也就成長了。」因此，當我們承受痛苦時，也許正是因爲我們在改變，離開舒適圈之後，才能走向更進階的未來。

在訪談的最後，我們再次提到高餐，志盛也感性地表示：「進入高餐後，我眞的感受到一份『專業背後的核心價值』，因此當我秉持這種精神奉行在餐飲服務業上，端盤子不是端盤子；清潔也不是清潔，

愛上台東，其實真的不需要任何理由

這只是我們看到的表面，它眞正所呈現的，應該是對專業的尊重與肯定。也許對早期餐飲服務業來說，有些人會覺得這技術不用太專業，但在西方國家，大家都是先尊重彼此，再發展文化。況且，服務本身就是一門學無止盡的技能，沒有最好的餐飲服務，只有更好。」基於這樣的想法，讓志盛只能一直往前衝刺，他希望透過分享，讓更多人知道餐飲服務的專業，絕對不分難度。因爲任何服務的展現，背後全是來自一顆對餐飲抱持無限熱忱的心。在與志盛暢談之後，我們也充分感受到他充滿熱情的靈魂，與臺東這塊純樸自然的土地，有著相互延續的共鳴。從志盛的創業分享中，他想告訴學弟妹的是：「你的價值，來自於你物超所値，所以做一個物超所値的人吧！」

附錄

24家校友創業餐廳資訊地圖

- 貓下去計劃
- Allson Kitchen 三賀家

- 塔緹妮法式蛋糕

- Le Pâtisserie Antonio 創作菓子坊

- 好食 慢慢
- 洛可可烘焙坊
- 簡單廚坊
- 法布甜伴手禮專賣店
- 檸檬洋菓子

- 義利廚房
- 尋鹿咖啡

- 快樂皮偲
- Hero Restaurant

- 清豐濤月
- 愛思家樂

- 鶬鶊鹹派

- Bon Bon鄉村・慢食・小餐館
- The F 勇氣廚房
- 莎士比亞烘焙坊
- 地糖仔中式點心專門店
- Touch老師的家・咖啡輕食
- 235巷義大利麵

- 沙灘小酒館

- 愛上台東義式餐廳

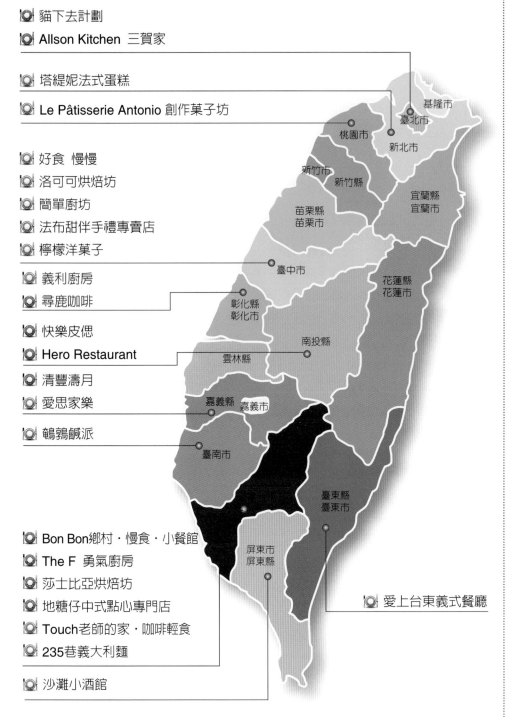

編號	縣市	餐廳名稱	電話	地　址
01	臺北	貓下去計劃	(02)2322-2364	臺北市徐州路38號
02	臺北	Allson Kitchen 三賀家	(02)2515-2132	臺北市松江路259巷7號
03	新北	塔緹妮法式蛋糕	(02)2619-1796	新北市八里區中山路二段406巷1號1F
04	桃園	Le Pâtisserie Antonio 創作菓子坊	(03)302-5047	桃園市桃園區明德街1號
05	臺中	好食　慢慢	(04)2237-2009	臺中市北區東漢街11號
06	臺中	洛可可烘焙坊	(04)2235-8995	臺中市北區健行路425巷9號
07	臺中	簡單廚坊	0978-882-828	臺中市北屯區景賢六路19號
08	臺中	法布甜伴手禮專賣店	(04)2320-1996	臺中市西屯區大墩路979號
09	臺中	檸檬洋菓子	(04)2220-0236	臺中市西區康樂街19巷22號
10	彰化	義利廚房	(04)736-0668	彰化縣彰化市永安街474號
11	彰化	尋鹿咖啡	(04)736-0960	彰化縣彰化市永安街476號
12	南投	快樂皮偲	(04)9290-4346	南投市埔里鎮八德路232號
13	南投	Hero Restaurant	0928-001-804	南投市藍田街20號
14	嘉義	清豐濤月	(05)259-3133	嘉義縣番路鄉內甕村凸湖5-3號
15	嘉義	愛思家樂	(05)230-7568	嘉義縣中埔鄉和美村忠信街9號
16	臺南	鵪鶉鹹派	(06)228-2038	臺南市中西區府前路一段126號
17	高雄	Bon Bon鄉村・慢食・小餐館	(07)550-6331	高雄市左營區立信路276號
18	高雄	The F 勇氣廚房	(07)556-9426	高雄市左營區立信路88號
19	高雄	莎士比亞烘焙坊	(07)586-7256	高雄市鼓山區美術東二路51號
20	高雄	地糖仔中式點心專門店	(07)553-2100	高雄市鼓山區美術南二路132號
21	高雄	Touch老師的家・咖啡輕食	(07)768-8885	高雄市鳳山區三誠路55號
22	高雄	235巷義大利麵	(07)241-6607	高雄市前金區自強三路235巷4號
23	屏東	沙灘小酒館	(08)885-1281	屏東市恆春鎮船帆路230號
24	臺東	愛上台東義式餐廳	(08)934-6999	臺東縣臺東市漢中街13號

國家圖書館出版品預行編目資料

創業與夢想／國立高雄餐旅大學編著. --
初版. --臺北市：五南, 2016.03
面； 公分
ISBN 978-957-11-8565-1(平裝)
1.創業
494.1 105004326

1LA4

創業與夢想

作　　者：國立高雄餐旅大學（NKUHT Press）
發 行 人：容繼業
發行單位：國立高雄餐旅大學
地　　址：高雄市830小港區松和路1號
電　　話：(07)806-0505#1981
傳　　真：(07)805-3275
編 輯 群：潘江東・黃榮鵬・沈進成・張明旭
總 策 劃：蕭登元
執行單位：教學卓越計畫辦公室
文字編輯：許家豪
採訪記者：許家豪
文字協力：林宛琪
編輯助理：陳嬿婷・黃鈺婷・林宛琪
圖片來源：拍達傳播事業有限公司・各家餐廳
鶴鶉鹹派攝影　黃勻容
封面設計：童安安
總 經 銷：五南圖書出版股份有限公司
地　　址：106台北市大安區和平東路二段339號4樓
電　　話：(02)2705-5066　　傳　　真：(02)2706-6100
網　　址：http://www.wunan.com.tw
電子郵件：chiefed7@wunan.com.tw
劃撥帳號：01068953
戶　　名：五南圖書出版股份有限公司
法律顧問　林勝安律師事務所　林勝安律師
出版日期　2016年 3 月初版一刷
定　　價　新臺幣450元

GPN：1010500353
ISBN：978-957-11-8565-1